给建筑师的思想家读本

建筑师解读 伊里加雷

[英] 佩格·罗斯 著
类延辉 王琦 译

中国建筑工业出版社

著作权合同登记图字：01-2011-5504号

图书在版编目（CIP）数据

建筑师解读伊里加雷／（英）佩格·罗斯著；类延辉，王琦译.—北京：中国建筑工业出版社，2018.6（2024.11重印）
（给建筑师的思想家读本）
ISBN 978-7-112-22015-1

Ⅰ.①建… Ⅱ.①佩…②类…③王… Ⅲ.①伊里加雷—建筑哲学—思想评论 Ⅳ.①TU-021②B565.59

中国版本图书馆CIP数据核字（2018）第062071号

Irigaray for Architects / Peg Rawes，ISBN 9780415431330

Copyright © 2007 Peg Rawes

All rights reserved. Authorized translation from the English language edition published by Routledge, a member of the Taylor & Francis Group.

Chinese Translation Copyright © 2018 China Architecture & Building Press

China Architecture & Building Press is authorized to publish and distribute exclusively the Chinese (Simplified Characters) language edition. This edition is authorized for sale throughout China. No part of the publication may be reproduced or distributed by any means, or stored in a database or retrieval system, without the prior written permission of the publisher.

本书中文简体字翻译版由英国Taylor & Francis Group出版公司授权中国建筑工业出版社独家出版并在中国销售。未经出版者书面许可，不得以任何方式复制或发行本书的任何部分。

Copies of this book sold without a Taylor & Francis sticker on the cover are unauthorized and illegal.
本书贴有Taylor & Francis Group出版公司的防伪标签，无标签者不得销售。

责任编辑：戚琳琳 董苏华 李 婧
责任校对：王 瑞

给建筑师的思想家读本
建筑师解读 伊里加雷
[英] 佩格·罗斯 著
类延辉 王 琦 译

＊

中国建筑工业出版社出版、发行（北京海淀三里河路9号）
各地新华书店、建筑书店经销
北京点击世代文化传媒有限公司制版
建工社（河北）印刷有限公司印刷

＊

开本：880×1230毫米 1/32 印张：5 字数：120千字
2018年5月第一版 2024年11月第二次印刷
定价：25.00元
ISBN 978-7-112-22015-1
（31899）

版权所有 翻印必究
如有印装质量问题，可寄本社退换
（邮政编码 100037）

目 录

丛书编者按

亚当·沙尔（Adam Sharr）

　　建筑师通常会从哲学界和理论界的思想家那里寻找设计思想或作品批评机制。然而对于建筑师和建筑专业的学生而言，在这些思想家的著作中进行这样的寻找并非易事。对原典的语境不甚了了而贸然阅读，很可能会使人茫然不知所措，而已有的导读性著作又极少详细探讨这些原典中与建筑有关的内容。这套新颖的丛书，则以明晰、快速和准确地介绍那些曾讨论过建筑的重要思想家为目的，其中每本针对一位思想家在建筑方面的相关著述进行总结。丛书旨在阐明思想家的建筑观点在其全部研究成果中的位置，解释相关术语，以及为延伸阅读提供快速可查的指引。如果你觉得关于建筑的哲学和理论著作很难读，或仅是不知从何处开始读，那么本丛书将是你的必备指南。

　　"给建筑师的思想家读本"丛书的内容以建筑学为出发点，试图采用建筑学的解读方法，并以建筑专业读者为对象介绍各位思想家。每位思想家均有其与众不同的独特气质，于是丛书中每本的架构也相应地围绕着这种气质来进行组织。由于所探讨的均为杰出的思想家，因此所有此类简短的导读均只能涉及他们作品的一小部分，且丛书中每本的作者——均为建筑师和建筑批评家——各集中仅探讨一位在他们看来对于建筑设计与诠释意义最为重大的思想家，因此疏漏不可避免。关于每一位思想家，本丛书仅提供入门指引，并不盖棺论定，而我们希望这样能够鼓励进一步的阅读，也即激发读者的兴趣，去深入研究这些思想家的原典。

"给建筑师的思想家读本"丛书已被证明是极为成功的，探讨了多位人们耳熟能详，且对建筑设计、批评和评论产生了重要和独特影响的文化名人，他们分别是吉尔·德勒兹[①]、费利克斯·瓜塔里[②]、马丁·海德格尔[③]、露丝·伊里加雷[④]、霍米·巴巴[⑤]、莫里斯·梅洛－庞蒂[⑥]、沃尔特·本雅明[⑦]和皮埃尔·布迪厄。目前本丛书仍在扩充之中，将会更广泛地涉及为建筑师所关注的众多当代思想家。

亚当·沙尔目前是英国纽卡斯尔大学（University of Newcastle-upon-Tyne）的教授、亚当·沙尔建筑事务所（Adam Sharr Architects）首席建筑师，并与理查德·维斯顿（Richard Weston）共同担任剑桥大学出版

---

① 吉尔·德勒兹（Gilles Deleuze, 1925—1995年），法国著名哲学家、形而上主义者，其研究在哲学、文学、电影及艺术领域均产生了深远影响。——译者注

② 费利克斯·瓜塔里（Félix Guattari, 1930—1992年），法国精神治疗师、哲学家、符号学家，是精神分裂分析（schizoanalysis）和生态智慧（Ecosophy）理论的开创人。——译者注

③ 马丁·海德格尔（Martin Heidegger, 1889—1976年），德国著名哲学家，存在主义现象学（Existential Phenomenology）和解释哲学（Philosophical Hermeneutics）的代表人物，被广泛认为是欧洲最有影响力的哲学家之一。——译者注

④ 露丝·伊里加雷（Luce Irigaray, 1930年—），比利时裔法国著名女权运动家、哲学家、语言学家、心理语言学家、精神分析学家、社会学家、文化理论家。——译者注

⑤ 霍米·巴巴（Homi, K. Bhabha, 1949年—），美国著名文化理论家，现任哈佛大学英美语言文学教授及人文学科研究中心（Humanities Center）主任，其主要研究方向为后殖民主义。——译者注

⑥ 莫里斯·梅洛－庞蒂（Maurice Merleau-Ponty, 1908—1961年），法国著名现象学家，其著作涉及认知、艺术和政治等领域。——译者注

⑦ 沃尔特·本雅明（Walter Benjamin, 1892—1940年），德国著名哲学家、文化批评家，属于法兰克福学派。——译者注

社出版发行的专业期刊《建筑研究季刊》(Architectural Research Quarterly）的主编。他的著作有《海德格尔的小屋》(Heidegger's Hut)(MIT Press，2006 年 ）和《建筑师解读海德格尔》(Heidegger for Architects)（Routledge，2007 年 ）。此外，他还是《失控的质量: 建筑测量标准》(Quality out of Control: Standards for Measuring Architecture)(Routledge，2010 年 ）和《原始性: 建筑原创性的问题》(Primitive: Original Matters in Architecture)(Routledge，2006 年 ）的主编之一。

图表说明

所有图片由斯莫特·艾伦（smout Allen）提供

致谢

　　我想向在本书写作过程中提供支持的下述人员表示感谢：感谢我在伦敦大学学院巴特莱特建筑学院的学生们；感谢菲奥娜·坎德林（Fiona Candlin），乔安妮·莫拉（Joanne Morra）和简·伦德尔（Jane Rendell）对书稿提出具有深刻见解的意见；感谢"给建筑师的思想家读本"丛书主编亚当·沙尔以及 Routledge 出版社的卡罗琳·玛林德（Canoline Mallinder）。此外，感谢安娜·格林斯潘（Anna Greenspan）在过去 10 多年里关于伊里加雷的深入交谈，感谢克里斯汀·巴特斯比（Christine Battersby）在我研究生学习期间所给予的严谨指导。还要感谢劳拉·艾伦（Laura Allen）和马克·斯莫特（Mark Smout）授权我使用他们的图片。最后，感谢汤姆持续不断的鼓励。

第1章

导言

本书为建筑师提供了法国思想家露丝·伊里加雷（Luce Irigaray）著作的介绍，涉及她出版作品中的精选部分，从她具有争议的第一本书，《他者女人的窥镜》[①]（1974），到她最新的论文集——《主要著作》（Key Writings）（2004）。对此，确切地说，我从建筑设计、历史、理论及批判主义方面进行了探索。

伊里加雷的著作包括许多有关西方文化中男女之间空间重要性和空间关系的讨论，这些讨论也是建筑设计、历史、理论及批判主义的核心。她提到了物质与建筑空间（例如：房屋、通道、路径、门口、门槛、边界、结合点、门廊和桥）和几何学理念（例如：圆、对角线、内外关系或者容纳）。她还研究了应用于建筑中的构建空间的方法与手段，包括勘察与测量程序、数学与几何学、地质学与地形学，以及空间、时间与物质的历史。另外，伊里加雷探讨了视觉、材料与具有代表性的语言体系如何成为"建筑构造"；例如，她研究中的文本、发散性描述、哲学与技巧性表达，这些共同构成了西方文化中所独有的主体和空间。

然而，伊里加雷有关空间与建筑的理念，对于空间组织的建筑形式来说，不仅仅是中立的和**无性别的**参照。相反，她对这些文化表现模式的兴趣总是渗透于她的信仰中，即男

[①] 该书法语标题为 Speculum de l'autre femme，英语标题为 Speculum of the Other Woman。中文标题参照：屈雅君等译，《他者女人的窥镜》，河南大学出版社，2013。——译者注

人和女人对他们自身的表现是不同的。

2   "性别主体"（sexed subject）是一个贯穿伊里加雷整个职业生涯的术语。她在 20 世纪 80 年代中期之前的著作全部和女人及她们的表现有关。然而，在她后期的出版作品中，该术语得以继续发展，因此**也**代表着那些力图重新考虑男性主体性的男人（也就是说，与自身相关的观点），这和西方文化中意指男人主体的普遍思想传统是大相径庭的。所以，对伊里加雷来说，西方文化从来都不仅仅是对人或者主体的一种普遍思想的反映。因此，当她的观点通过结合建筑设计、历史、理论与批评主义的具体实例时，或许可以得到最好的理解，这些实例也优先考虑了不同性别和主体对于建筑的重要性。

伊里加雷的理念对建筑师来说是非常有价值的，因为她研究了性别与主体性如何构建我们对西方文化和建筑的体验。特别的是，她的著作探索了西方文化赋予或者限制个体的需求和欲望方式，尤其对于女性。伊里加雷认为，对女性和空间的"性别"表现是必需的，这使得我们能够正确理解西方文化和作为女性与男性的体验。对伊里加雷而言，男人和女人表现他们自身的方式不同，因此本质上是与西方文化中的制度、语言或者知识体系及自我表现模式密切相关的。因此，一个独立个体的性别主体性，对建筑和建造环境的产生与接收程度来说，是一个整体，例如，它赋予了物质、空间和时间的理念；表现了在现代西方文化中对栖居建筑的切身以及心理体验；构建了学科不同分支中的社会、知识和专业结构；告知了建筑设计、历史、理论以及批判主义彼此关联的方式。因此，通过研究建筑和建造环境以不同方式作为性别文化，她的著作成为一种非常有价值的资料来源。

伊里加雷的出版作品丰富繁多，其中包括法语及意大利语的原著，随后被翻译成荷兰语、英语、德语、西班牙语、汉语、日本语、韩语与希伯来语。本书侧重点在于成为英语读者的读物。① 然而，她的双语技能，尤其是基于罗曼语系以及英语语汇在不同语言学上的本源，以及伊里加雷对于词源学的兴趣共同组成的结合体，在整个翻译过程中产生了意义上的不同诠释。因此，读者将会受益于：可以敏感地感受到，词汇在法语及意大利语原著中和在英语翻译版本中表达不同含义的方式；例如，阴性代词和阳性代词所产生的多重含义，原文中"**她**"和"**他**"（以及 lui 或者 la，意指"**他**"，或者"**阴性定冠词**"亦即英语 the），与英语翻译版本中的译文"他"、"她"、"定冠词"（the）及"它"相对应。

我会提到伊里加雷的五本主要著作：

《他者女人的窥镜》（1974/1985）（*Speculum of the Other Woman*）

《此性非一》（1977/1985）（*This Sex Which Is Not One*）

《性别差异的伦理学》（1984/1993）（*An Ethics of Sexual Difference*）

《伊里加雷的读者》（1991）（*The Irigaray Reader*）

《主要著作》（2004）（*Key Writings*）

另外，我也提到了另外九篇精选的论文出版作品：

《海洋恋人：弗里德里希·尼采》（1980/1991）（*Marine Lover: Of Friedrich Nietzsche*）

《遗忘在风中：马丁·海德格尔》（1983/1999）（*The Forgetting of Air: In Martin Heidegger*）

《讲话永不中立》（1985/2002）（*To Speak is Never Neutral*）

《思考差异：为了一场和平革命》（1989/1993）（*Thinking the Difference: For a Peaceful Revolution*）

① 原英文书针对英语读者，本译丛针对中文读者。——译者注

《我、你、我们：走向一种差异文化》(1990/1993)(*Je, Tu, Nous: Towards a Culture of Difference*)

《我对你的爱：历史上一个可能幸福的简述》(1992/1996)(*I Love to You: Sketch of a Possible Felicity in History*)

《民主始于二者之间》(1994/2001)(*Democracy Begins Between Two*)

《二人行》(1994/2001)(*To Be Two*)

《爱的方式》(2002)(*The Way of Love*)

此外，本书着重强调伊里加雷著作中能够用来研究与建筑最具有紧密联系的实用性、社会性、政治性及文化进程之观点，因此，我不会花过多精力去关注伊里加雷作为文学、女性以及文化研究的学者所作出的有关语言学和政治学方面的讨论。那么也建议读者，不要把这些资料当作建筑理念或者一种通用的建筑语言和方法中能够包罗万象的设计蓝图。相反，本书的目的是为了增强建筑所有方面中被赋予的性别历史性、批判性与创造性的设计、思考、写作和演讲之发展。

下文中，是一简短绪论，内容关于伊里加雷的生平和学术生涯，能够引出上下文的大致轮廓，即她与主体理论、性别及女性主义相关的观点，这些观点存在于建筑设计、历史、理论以及批判主义中。再接下来是专题性的六个章节，旨在探索伊里加雷关于主体性、空间与时间、身体与感官知觉、科学与政治的理念。在每一章节中，我都引用了她著作中简短的一段摘录，从而使得读者能够洞察她写作、思考以及演讲中的不同技巧。另外，每个章节简要地涉及建筑物、设计项目、文章以及书籍的实例，这些实例来自研究建筑性别形式的设计师、历史学家、理论家和评论家。最后，每一章节都以一系列的对话性问题结束，以期激励读者作进一步研究，他的或者她的观念，和设计与建筑建造环境的诠释之间的关系。本书结尾处的附录，对于如何阅读伊里加雷的著作提供了一些指导，其中还包括一些精选参考文献，并列出了一些其他出版物，以期为延伸理解她的著作提供进一步的背景研究。

关于伊里加雷

露丝·伊里加雷出生于 1930 年，拥有法国国籍，她在比利时长大，父母具有比利时、意大利和法国血统。伊里加雷的学术学习始于比利时的鲁汶，在那里，她获得了第一个学位，之后于 1955 年获得了法语和哲学博士学位。在从事中等教育数年之后，她又取得了心理学的第二学位，并在巴黎的索邦大学拿到了精神病理学的毕业文凭。在此期间，她通过受训成为一名心理分析学家，并参加了雅克·拉康[①] 有关心理分析学的研讨会。然后，从 1964 年开始，她在国家科学研究中心担任研究员，后来于 1986 年成为该中心的研究主管。她在 1970 年至 1974 年期间任教于樊尚大学，并且是巴黎弗洛伊德学院的成员之一。1973 年，她提交了另外两篇博士论文，一篇关于诗学和精神病理学，另一篇是大学拒绝接受的《他者女人的窥镜》，这导致她离开了她的教学岗位。然而，《他者女人的窥镜》一书很快于 1974 年出版，这对伊里加雷接下来的职业生涯意义重大，包括：接到了国际客座教授的任命；做了国际报告与专题讨论；同女权主义者、女性团体以及民主运动共同工作，特别是在意大利北部（有关伊里加雷传记和学术生涯的讨论，也参见玛格丽特·惠特福德（Margaret Whitford）对《伊里加雷的读者》之相关介绍 [1991b] 和伊里加雷的《主

[①] 雅克·拉康（Jacques Lacan），法国心理学家、哲学家、精神分析学家，结构主义的主要代表。他从精神分析学角度，对弗洛伊德的理论进行了解读。并应用欧陆哲学（结构主义、海德格尔哲学、黑格尔哲学等）对精神分析理论进行了一次哲学重塑。——译者注

要著作》中之前言以及绪论部分）。

从广义上说，从她于 1974 年截止至今的研究中可以观察到，伊里加雷的著作可以分为三个阶段。伊里加雷的学术训练最强烈地体现在了她著作的第一阶段中，即从 1973 年至 20 世纪 80 年代中期。首先，《窥镜》被拒绝接收和她与樊尚大学的决裂，在一定程度上讲，对她猛烈抨击现代西方文化如何构建社会和性别关系起到了推动作用；特别是学术学科理念的控制，比如哲学和心理学，分别对其成员产生影响。其次，她在此期间著作的特点，是强烈批判（亦即批判主义）西方文化中性别主体性的身体与心理构建，她称之为"性别差异性"。重要的是，这使她投入到分析哲学、心理分析学以及语言学上写作，以说明人们如何构建我们作为女人和男人在身体和心理上的体验。因此，伊里加雷在此期间的文章与著作特别集中于结构、语言以及表现，而结构、语言以及表现能够有意并无意地赋予女人和男人用不同方式表现他们自己的文化理念。

6

著作的第二个阶段也是显而易见的，体现在写于 20 世纪 80 年代早期至 90 年代中期的文章中。在此期间，伊里加雷把她对西方文化的批判主义扩展到了写作中一个更加明确的诗歌风格，这能够研究性别差异性的物质形式（例如，关于身体）和性别差异性的精神形式（例如，关于我们的欲望以及语言）。这些作品也发展了写作中"切实可行的"方法，能够促进女性表现上具有历史色彩与神话色彩的模式，而且能够把伊里加雷的观点，和处于同时代的那些在法国工作的当代其他思想家联系起来，尤其是埃莱娜·西克苏[1]和茱莉娅·克

---

① 埃莱娜·西克苏（Hélène Cixous），法国当代最有影响力的小说家、戏剧家和文学理论家之一。她以诸多先锋观念和实验创作在法、英、美等国家的女性主义文学批评界享有盛誉。——译者注

里斯蒂娃[1]。

　　此外，伊里加雷在 20 世纪 70 年代至 80 年代早期之间的研究，需要考虑到它们和一系列不同学术背景的关系。首先，在西蒙娜·德·波伏娃[2]于 20 世纪 40 年代至 50 年代期间发表关于性别与政治的著作后（例如:《第二性》(*The Second Sex*), 1949)，她的研究得以发展。其次，她的观点受到了"后结构主义者"的哲学辩论和 20 世纪 60 年代末法国政治社会运动的影响。和西克苏以及克里斯蒂娃的观点一致，伊里加雷对西方文化进行了批判，因为西方文化未能正确地表现女性的需要和欲望，然而，除此之外，她们每一个人给予语言表现的女性形式以特权（一些评论家称之为"女性写作"）。例如,西克苏"解构"了对女人和女性的文化以及美学理解（例如:《新生女人》(*The Newly Born Woman*), 1975)，克里斯蒂娃分析了矛盾的，有时是"自卑可怜的"，女性和母性的表现（例如:《语言中的欲望》(*Desire in Language*), 1980)。另外，这些作者的观点反映了同时期法国其他著名后结构主义哲学家的研究，这些哲学家也探索了政治与物质文化的新方法和概念，包括: 吉尔·德勒兹（ Gilles Deleuze ）和心理分析学家费利克斯·瓜塔里(Félix Guattari)的合著(例如 :《写作与差异》(*Writing and Difference*), 1967)，以及弗朗索瓦·利奥塔(Francois Lyotard)的《力比多经济学》(*Libidinal Economy*)(1974)。在各种情况下,这些哲学家寻求挑战物质、政治以及社会文化上占统治地位的结构主义诠释。

　　最后，研究的第三个阶段是显而易见的，体现在写于 20

---

① 茱莉娅·克里斯蒂娃（ Julia Kristeva ），法籍保加利亚裔女性主义者、精神分析学家、哲学家、文学批评家、心理分析学家。——译者注
② 西蒙娜·德·波伏娃（ Simone de Beauvoir ），法国存在主义作家、女权运动的创始人之一。——译者注

世纪 80 年代末至今的伊里加雷的文章中，这得益于她参与到了当代政治辩论和妇女运动中。因此，她在该阶段的著作专注于政治、社会和文化辩论，这些是发生于学术研究之外有关性别的辩论，并且她的著作特别反映了伊里加雷参与了同时期意大利共产党在意大利博洛尼亚的政治辩论。她对关于主要哲学和心理分析学的著作进行了详尽的学术阅读，但相比之下，这一时期末的著作因此处于个性与公民政治和文化构建的广义背景中。此外，哲学"性别文化"的后期理论，对于支持男人和女人的社会与政治需要来说显得尤为明确。

在她的职业生涯期间，伊里加雷在与历史上的思想家和当代思想家以及他们各自观点的交战过程中，采用了不同的策略。 在她的早期作品中，这些对决经常是对抗性的，集中于有关传统的西方文化对女性需要来说是如何不充分的问题；例如，她质疑是谁被允许去生成、控制、接受或者拒绝心理分析学与哲学的学科观点，她认为这是西方文化限制女性的症状。然而，在她的后期作品中，伊里加雷的关注点在于作者的多重（或者"女性"）身份转变，从她对哲学与心理分析学洞察一切的分析，到她对谈话、交流与合作的兴趣爱好（而且，在许多方面，这些变化也反映了对已经发展 20 多年的建筑工作之跨学科方法的日益关注）。然而，纵观她的职业生涯，她的探索，即对谁在积极地参与到观点生成中、作为作者谁受到嘉奖与认同以及谁被排挤或者忽略，始终贯穿在她所有的著作中。

伊里加雷也写过一些专门针对建筑和视觉艺术的文章。 8
然而，这些文章往往不成功，因为它们只是涉及了学科的通用描述。尤其是，这些文章并没有呈现出对重要研究的足够深刻的理解，而这些研究在过去的 35 年里，已经被学科内的建筑师、艺术家、历史学家、理论家和评论家用来发展理论与实践方面的视觉文化之"性别"形式（因此下文不会涉及这些特别的文章）。伊里加雷的转变，即从贴近分析学术圈思想家的书籍文章到更为广义的文化背景，这一转变有时会削弱这些资料对建筑方面的直接价值。然而，尽管有这些告诫性的观点，伊里加雷理念的价值，对致力于发展具有创新性、创造性、跨学科以及性别建筑的当代与未来建筑师来说，是值得予以正确关注和研究的。

伊里加雷和建筑设计、历史、理论以及批判主义

伊里加雷的理念也需要在两种截然不同的传统背景下予以理解，该传统能够检验建筑生产和诠释的不同模式：首先是欧洲、美国以及澳大利亚后结构主义，其次是盎格鲁血统的美国人的左翼政治思想。在过去 30 多年中，这两种传统对建筑设计、历史、理论和批判主义尤其具有影响性，这几项内容旨在探索材料、物质、美学、社会学、经济学以及政治进程之间的差异性，而材料、物质、美学、社会学、经济学以及政治进程能够构建实体建筑和建筑师以及或使用者的参与性。

正如我前面所述，伊里加雷的理念由法国后现代主义思潮和她对西方哲学以及心理分析学的反应发展而来。传统地讲，哲学和心理分析学把独立的主体看作由分裂性的复杂关系组成，即他的或者她的物质特征和精神特征之间的关系。然而，后现代主义已经对过这些理论进行了发展，以支持所有独立的主体，男人和女人，都能够具有**特殊**主体性，即表达他的或者她的**具体的**政治、社会和文化地位的**特殊**主体性。另外，因为任何人或者观点**总是**由变动的身体和精神特质组成，后现代主义者认为把世界简单地归类为有限的定义（例如：**艺术**

与**科学**相对，**设计**与**理论**相对，**绘画**与**写作**相对，或者**女人**与**男人**相对）是错误地诠释了现实的复杂性。这样极端的对立太过于简单化。因此，后结构主义者使用"女人"或者"男人"的术语，意指不能简单表明性别差异性的主体性之复杂概念。

从这方面来讲，一位后结构主义的建筑设计师、历史学家、理论家或者评论家会经常考虑建筑是由动态的相互关系组成的，该相互关系存在于表现以及各个参与者的不同形式之间。建造形式、视觉设计，比如绘画或者模型，和书面文本都会被视作学科中必要的相互关联的物质化内容。此外，这些个体中，许多将**跨越**历史、理论、批判主义以及设计去**实践**，并把一个或者多个建筑分支相互交织到一起，成为连接过程的方法予以发展，而不是把这些分支置于互相对立的位置上。下文和接下来的章节中，我会引用专业人员的一些实例，通过批判主义和设计，或者历史分析和视觉诗学，这些专业人员发展出的方法是相互交织在一起的。

因此，对伊里加雷和这些后结构主义建筑**专业人员**来说，建筑也反映了个体复杂的文化构建。另外，两个后结构主义建筑专业人员的子群体可以予以区分，第一是那些明确涉及伊里加雷研究的建筑专业人员，第二是更大的个体组群，即在后结构主义主体理论背景下探索建筑但并没有直接涉及伊里加雷观点的个体。

在第一组中，瓦内萨·蔡斯（Vanessa Chase）、戈尔萨姆·巴伊达尔（Gülsüm Baydar）、简·伦德尔、卡特琳娜·吕迪（Katarina Rüedi）和马克·威格利（Mark Wigley）的建筑历史和批判主义是后结构主义专业人员的实例，他们已经把伊里加雷的研究应用到批判与女性主义、种族、哲学视觉艺术相关的现代建筑上。其次，在澳大利亚、欧洲和美国工作的专业人员，也已经探索了伊里加雷"在中间"（in-between）

10

的政治与美学理念或者想象中的空间与通道，从而发展了能够挑战传统理论／实践分歧的建筑实践新模式；例如，由詹尼弗·布卢默（Jennifer Bloomer）、多依娜·佩特雷斯库（Doina Petrescu）和简·伦德尔主导的跨学科之设计文本项目。

后结构主义专业人员的第二个组群包括男人和女人，他们的建筑作品、设计、历史、理论以及批判主义反映了一些伊里加雷的理念，即关于建筑的动态形式和男性以及女性的主体性，但是并没有直接涉及伊里加雷的思想——例如，戴安娜·阿格雷斯特（Diana Agrest）、比阿特丽斯·科洛米纳（Beatriz Colomina）、玛丽·麦克劳德（Mary Mcleod）、泽伊内普·蔡利克（Zeynep Çelik）、黛布拉·科尔曼（Debra Coleman）、伊丽莎白·迪勒（Elizabeth diller）、梅里尔·伊拉姆（Merrill Elam）、爱丽丝·弗里德曼（Alice T. Friedman）、希尔德·海内（Hilde Heynen）、弗朗西斯卡·休斯（Francesca Hughes）、凯瑟琳·英格拉哈姆（Catherine Ingraham）、弗朗索瓦丝·埃莱娜·乔达（Françoise-Hélène Jourda）、玛蒂娜·德·梅塞纳（Martine de Maeseneer）、艾米·兰德斯贝格（Amy Landesberg）、梅根·莫里斯（Meaghan Morric）、丽莎·卡特拉莱（Lisa Quatrale）、芭芭拉·彭纳（Barbara Penner）、查尔斯·赖斯（Charles Rice）以及亨利·乌尔巴赫（Henry Urbach）。

这些后结构主义专业人员中的一部分人也把他们自己看作女权主义政治的主张者。尽管认识到女权主义是一个重要的历史传统，但另外一些人并不认为这是具有识别性的最为正确的形式，因其需要促进所有主体性的身体和精神富足性（比如，多样文化、男性、女性、残障、男同性恋、女同性恋或者变性主体）。例如，伊里加雷拒绝被称为一名女权主义者，尽管她的著作是关注女性主体性，尽管她和学术圈内的女权主义者关系密切并且支持妇女运动。

相比之下，那些在盎格鲁血统的美国人传统中工作的建筑设计师、历史学家、理论家和评论家，常常会把他们自己和女权主义者、性别–政治以及妇女运动联系在一起，因为他们所表现出的政治兴趣，即为了西方社会中女人和"其他"边缘身份组群在社会和经济上的平等性。社会和经济组织、建筑机构以及执业者和他们各自的专业会议，建筑师们，比如弗朗西斯·布拉德肖（Frances Bradshaw）、丹尼斯·斯科特·布朗 (Denise Scott Brown)、苏珊娜·托尔 (Susana Torre) 和莎拉·威格尔斯沃思 (Sarah Wiglesworth)，与这些相关的左翼评论都提到了对建筑实践进行性别理解的需要，这些建筑实践可以为女性、建筑行业和建筑使用者提供真正的物质、经济以及社会平等性。此外，德洛丽丝·海登 (Dolores Hayden)、莱斯利·凯恩斯·韦斯曼 (Leslie Kanes Weisman) 和达芙妮·斯本 (Daphne Spain)，已经发展了女性主义评论，即在现代城市规划与建造环境栖居中关于建筑空间和女性的角色；以及林恩·沃克 (Lynne Walker)、莎拉·鲍特尔 (Sara Boutelle) 和格温多林·赖特 (Gwendolyn Wright) 对女性建筑师作品的研究，成为女性建筑历史的实例。

11

在过去 15 年间，一些论文和项目的资料汇编已经出版，包括这些建筑师、历史学家、理论家以及评论家的作品研究实例，他们不但代表后结构主义和盎格鲁血统的美国人传统这两大组群，也代表并没有在此处提及的其他许多人。其中一些出版作品也明确讨论了伊里加雷建筑理念的价值，都是与女性主义、基于性别的和主体理论研究以及实践相关的不同流派，能够揭示建筑设计和基于文本实践中的多元社会、专业、政治、文化以及美学辩论。《性和空间》(1992)（ *Sexuality and Space*)、《建筑与女性主义》(1996)

（*Architecture and Feminism*）、《渴望实践: 建筑、性别和跨学科性》（1996）（*Desiring Practices: Architecture, Gender and Interdisciplinarity*）、《性别、空间、建筑: 跨学科导论》（2000）（*Gender, Space: Architecture: An Interdisciplinary Introduction*）和《协商家庭生活: 现代建筑中的性别空间制造》（2005）（*Negotiating Domesticity: Spatial Productions of Gender in Modern Architecture*）都包括了直接涉及伊里加雷理念的论文和项目。通过参照伊里加雷对心理分析学的分析，马克·威格利在《性别与空间》中的结尾篇论文探索了"性别房屋"（Colomina，1992，pp.387-389）。通过包含伊里加雷对"女人"的研究，即后结构主义主体理论，黛布拉·科尔曼在为汇编《建筑与女性主义》写的绪论中认为，在建筑历史、理论、批判主义与设计中，对女性的主体性进行女性主义探索是必要的（Coleman et al. 1996，pp. ix-ivi）。在《性别、空间、建筑》的三个部分中，简·伦德尔的绪论将伊里加雷的研究，即有关后结构主义主体理论、文化地理和马克思主义空间理论、女性主义以及性别研究，置于构建对建筑的一种跨学科理解的背景中去考虑（Rendell *et al.* pp. 15-24，pp. 101-111 and pp. 225-239）。希尔德·海内在《协商家庭生活》的绪论性文章中勾勒出了对主体性的不同诠释，和以伊里加雷思想为特征的法国后结构主义相比，该诠释能够把盎格鲁血统的美国人的方法区别开来（Heynen and Baydar 2005，p. 6）。另外，《建筑的性别》（1996）（*The Sex of Architecture*）和《建筑师:重构她的实践》（1996）（*The Architect: Reconstructing Her Practice*）都是有价值的论文和项目的资料汇编，虽然并没有明确涉及伊里加雷的理念，但是却通过在西方建筑教育、实践、历史、理论以及批判主义中，结构主义者、女性主义者和盎格鲁血统的美国人对主体性、性别特征和性别的分析，确实提供了重要的背景资料。

这些设计、历史、理论以及批判主义的多元化模式，和它们所制造的主体位置，共同表明建筑本质上是一种具有分化性并具有性别特征的学科，该学科能够反映存在于性别主体和空间之间的动态文化关系。另外，性别主体（sexed subject）、性别空间（sexed spaces）和性别建筑（sexed architecture）对所有文化利益来说是至关重要的，通过这一信念，上文概括出的每一个不同分支和伊里加雷的理念联系到了一起。接下来的章节会更为详细地探讨这些联系。然而，伊里加雷，和我在下文中所涉及的大多数有关欧洲以及北美的建筑实践，也主要是关注这些联系的西方形式（尽管戈尔萨姆·巴伊达尔、泽伊内普·蔡利克、莱斯利·纳·诺·洛科（Leslie Naa Nor Lokko）、多依娜·佩特雷斯库和简·伦德尔的研究确实与非西方建筑有关）。随着近期正在进行的全球建筑的发展，例如，中国、印度、东南亚、非洲大陆以及南美，许多其他多元－文化的**性别特征**建筑尚待探讨。

下面的六个章节探索了我们应该如何去理解伊里加雷的著作：建筑设计、历史、理论与批判主义如何总是反映个体性差异，以及我们具有差异性的主体性如何有助于生产和建筑体验。他们探讨伊里加雷理念的潜在可能性，以展现**新的背景**，从而对已经存在于学科中的性别特征建筑设计、历史、理论与批判主义进行研究。此外，他们考虑了她的观点如何有助于建设性别特征建筑、建筑师、使用者以及文化的**新表现**。

双重和多元

　　我将在本章探讨伊里加雷关于**性别差异性**和**性别主体**的理论。性别差异性对建筑师来说非常重要，因其展示了男性和女性主体是如何在文化上以及生物学上被构建起来的。另外，伊里加雷对性别主体的分析是以不同的方式反映出来的，即后结构主义设计师、历史学家、理论家与评论家已经探讨过的，建筑是如何被使用、设计以及建造的。

　　对伊里加雷来说，文化总是由复杂的历史和社会关系所构成，并且个体总是因他的或者她的性别主体性而具有差异性。

她特别指出,西方文化,尤其是哲学、心理分析学(和建筑学),
通过同质(亦即不变的)与等级体系组织了物质和社会结构。
在这些传统下,不同的个体、行为、实践、空间、物质和理念,
在同质通用性的法律基础下聚集到一起,根据忽略该通用性
特殊的差异性从而支持相似性。例如,西方建筑的传统视角
依赖于正式文体特征的传播,该特征存在于多元创新的复杂
时期,而该时期由一些建筑师的"通用性"作品代表,这些
建筑师代表着建筑发展中一个特殊时期的"典范"。再者,或
许会给予男性建筑师以偏爱,因此,建筑制造中明确的文化、
经济和性别背景也会被忽略,从而支持"建筑师"的一种单
一性别的定义。例如,近期的女权主义者、马克思主义者和
后结构主义理论家,已经表明这些看法忽略了建筑制造和使
用中的性别本质,因此,当地适应性或者风格创新、理论创新、
技术创新以及材料创新的文化价值已经丢失了。

因此,建造环境的制造是一个高度复杂并且动态的社会
组织。在其文化、教育、监管以及专业体制内,在它们之间
和相关的公共与私营专业合作企业中,经济、社会、政治和
性别个体的一种多元化构建起来;即它的设计、技术、法律、
工程和美学领域;建筑师和业主,以及建筑师和规划师之间的
关系;设计一个具体的空间、房间、场地、建筑物、区域或者
城市环境的过程。另外,设计包含立即制造多元化空间的过程;
例如,在绘制或者制作边界线模型或者一栋私有房屋的外墙
模型过程中,也会在内外部空间之间,以及"房屋"私密性
与其社区公共空间之间,产生直接差异性。

因此,建筑理念和实践从本质上讲,重点关心制造各种各
样的空间(即空间质量的多元范畴);即使是在构造的、有序
的或者形式主义的设计中,建筑是一种社会以及文化的**进程**,
即通过在**同一时间**建设超过**一种空间**或者**建筑的进程**。正如

单独的男人、女人和孩子是独一无二的，把建造的建筑物以及空间归纳到一种预先设定的理念或者"根源"去描述，相比之下，建筑总是比此描述复杂得多。伊里加雷的著作因此适用于那些建筑设计师、历史学家、理论家以及评论家，他们声称建筑空间、建筑师或者使用者是各种各样的，并且质疑僵化的局限性或者同质（意指统一的）的程序和方法。

性别差异性

伊里加雷的性别差异性理论由哲学和心理分析学的主体性理论发展而来。首先，主体性是指身体上或者生物学上的性别（即女性或者男性主体）。其次，指个体如何表现他的或者她的性别（例如，女性的、男性的、女同性恋、男同性恋或者变性的主体）。于伊里加雷而言，性别差异性，对涉及男人或者女人怎样生活的每一个方面来说，是至关重要的。它构建了不同的方式，男人和女人以这些方式去思考、讲话、聆听、写作、绘画、设计、制作模型、工程建造、行动、移动、爱、渴望、玩乐以及工作。此外，它决定着那些能够定义男人和女人的语言、知识、历史和神话色彩上的文化构成。再者，女人和男人的性别差异性绝对是截然不同的，并且伊里加雷探索了西方文化中女人的体验是如何被一如既往地忽视、压制或者从历史和理论中消除。在她对哲学和心理分析学是如何歪曲女性的研究中，该策略尤为明晰。

哲学对个体精神和物质上所表现出来的力量和他们在世界上所处位置之间的关系进行了定义。伊里加雷认为，尽管哲学推动了个体行为和体验，但是它**总是**被等同于男性、阳性或者至少是"中性的"主体性，而该主体性却不能表现出女性真正的物质、精神以及心灵上的差异性。在伊里加雷看来，传统的哲学主体没有性别差异性，并且女性是和非表现性的理念相结盟的（例如，非物质的、神学上的或者实质性的理念）。说得更强烈些，她认为女性的性别主体——女人——根本没有在西方哲学中真正存在过。特别的是，她通过研究哲学上用来形容"女人"及其女性特征的负面的、物质的、社会的、心理的、历史的、政治的以及理论上的观点，从而对这些理念予以发展。她总结了西方哲学中用来描写女人和女性的负面术语：女人是被动的、具有欲望的、物质的、不得体的、难以理解的、过分的、不完整的、不规则的、爱模仿的、爱想象的、难以接近的、无关紧要的或者可以被遗忘的。相反地，伊里加雷指出，男性主体以正面的术语为特征：他是主动的、理性的、智慧的、清醒的、得体的、完整的、自主的、独特的、坚定的并且可以自我做决定的。

伊里加雷的性别差异理论也来源于关于父亲、母亲以及童年时代之间关系的心理分析理论。该理论经由19世纪末期的西格蒙德·弗洛伊德，和20世纪的雅克·拉康对弗洛伊德研究的解读，而发展成为心理学的一个分支。伊里加雷通过个体积极主动的、被压抑的感觉能够为其他人构建他们自己及其欲望，而把心理分析定义为"欲望的科学"。

特别的是，她认为，弗洛伊德有关女性性别和性别特征及随后她与其他人之间关系的理论，是出于女孩儿童年时代意识到没有阴茎而构建起来的。与之相反的是，一个男人的性别身份及随后他与其他人之间的关系，是出于他害怕或许会失去阴茎（由于阉割的威胁）而构建起来的。因此，男人和女人之间的性别差异性，是由于一种动态的（即可变化的）身体和心理体验而被构建起来的，该体验存在于个体之间并且存在于他们与世间万物之间的关系当中。接下来，拉康的心理分析著作以及教学发展了对弗洛伊德的研究，从而对如何通过语言去表现男人、女人、父亲、母亲和孩子之间的关系进行了探索。他理论的核心观点是，主体根本上是一种断裂的、不联系的思想观点以及欲望之汇集，这些经由对语言的获得而聚集到了一起。对拉康来说，性别差异性是通过我们使用语言和符号的方式而被构建起来的——例如词汇"母亲"、"我"、"父亲"或者"你"——从而可以构建视觉上、空间上、身体和情感之间的联系或者我们自己和其他人之间的划分。

在伊里加雷看来，心理分析启发了她的性别差异性理论，因为它证实了生理和心理欲望确实也构成了女人的、母亲的、女孩儿以及女儿的性别体验。然而，纵观她的著作，伊里加雷证明，弗洛伊德和拉康的理论，对女人性格差异性的一种实证理论来说，是具有严重问题的。尽管弗洛伊德和拉康表明，性别差异性对男人和女人来说是必不可少的，他们二人均认为，根本上讲这是一种源于女性身份的不稳定形式。

伊里加雷的早期著作也体现在 20 世纪 70 年代和 80 年代期间的女性主义建筑师、评论家、历史学家以及理论家和理论著作所表达的观点当中，他们推动了性别关系的重要性，并且推动了作为业主、从业者与空间使用者当中（e.g.Wright 1981；Hayden 1984；and Kanes Weisman 1992）女性地位的重要性。为了推动女性生活而去共享一个相似愿望——正如这些盎格鲁血统的美国人出版作品当中所体现的，伊里加雷在从 1973 年到 20 世纪 80 年代中期的作品也优先考虑了男人和女人之间的生理差异性，尤其体现在，她对男性和女性的性器官之间的"正式的"生理与身体差异性研究上。这个方面，当被理解为历史背景下的一种反映时，她对"本质的"差异性的推动是最具有意义的，在该历史背景中，这些理论发展自"边缘化"群体（即第二波女性主义、以阶级为基础的、多元文化、反战和同性恋行动主义）的政治运动，这些群体出现在 20 世纪 60 年代末至 20 世纪 80 年代的欧洲、北美和澳大利亚（见 Rendell *et al.* 2000）。对这些理论家和行动主义者来说，一个独立个体的身体和生理特征因此代表着根本上的和积极的差异性，该差异性存在于他们自己和个体中占主导地位的父系概念之间，是由于同质的欲望以及白种男性文化机制而产生的。

近段时间以来，伊里加雷的性别主体理论反映出了一种转变，即关于自 20 世纪 90 年代以来，已经发展起来的男人和女人主体性新理论的转变。这些理论已经从研究发展到男人和女人化身的性别肉体形式（即身体特性），并且伊里加雷的后期著作也共享了男人和女人之间的这些更为**积极**的沟通形式。 18 尤其是，《我对你的爱：历史上一个可能幸福的简述》（1996）和《爱的方式》（2002b）显示了男性主体是如何在政治上交流他们的感觉和欲望的；例如，当他们介入非等级的对话中时，这种对话来自传统的女性交流模式。伊里加雷也在《我、你、我们：走向一种差异文化》（1993b，pp. 9-16）中提到了这一"性别评价文化"，而且，在她最近的论文汇编，即《主要著作》的序言中，她发展了对男人和女人之间"性别评价差异"的分析，她写道：

> 男人和女人不会属于一体也不会属于同一个主体性，主体性本身既不是中立的也不是通用的。……二者之间的相遇要求两个不同世界的存在，在这两个世界中，他们可以建立关系，或者在认识到他们对彼此来说是不可缺少的之后建立交流（2004，p.xii）。

因此，伊里加雷的性别差异性观点侧重于不同的物质和精神状态，该状态构建了性别主体，并且由此构建了有**性别属性的建筑师**对世界的体验，这种体验取决于他或者她所处的背景环境。此外，性别差异性部分来自"本质主义"理论，该理论涉及男女之间的生理以及身体差异性。当根据主体理论的近期转变而去考虑时，这种能够表现男人和女人之间生物学以及身体差异性的早期形式也具有最高价值，这一转变是主体理论返回到基于男性和女性主体性之间的生物学差异的重要方面。在这些比较新的背景下，把男人和女人区分开来的生理和生物学上的差异性，可以作为身体和精神活动的动态过程予以考虑，反过来，这些差异性可以表明男人和女人之间的性别、社会以及政治联系。

相应地，在她的早期出版作品中，对男人性别的定义与其生物学上的性器官有关（即阴茎）。另外，男性性别反映在行为、思考和象征符号当中，这些组成了西方"以男权为中心"文化的男性身份特征。伊里加雷认为，男性性别特征的主要象征，即阴茎，在社会中被用来描述生活和交流上占主导地位的男性模式；例如，在文章《此性非一》中，她写道：

19

一体，体现在形式上、个体上、（男性的）性器官、合适名字、合适意义……取而代之，尽管能够分离和分裂。（1985a，p.26）。

与之相反，她认为，女性性器官的（即两片阴唇或者"唇"）生物学结构代表了一种截然不同的性别差异性。她写道，这些是因为女人具体的生物学以及生理特征不会把她限制到一个性器官上，她能够通过多种场所和途径表现她的情感以及欲望。在伊里加雷看来，"女人"因此拥有激发、接触、激活和欲望的多处位置："[这种] **至少是两片**（唇）之间的接触。……她**既不是一体也不是两个**。严格意义上说，她不能被看成为一个人或者两个人。她拒绝了所有充分的定义"（1985a，p.26）。

伊里加雷接着声称，这些不同的身体和生物学上的体验赋予男人和女人对空间的文化体验，尤其是在内外部空间的形式上。她认为一个男人的主体性可以部分地衍生出来，因为他的性器官从身体上突出，而且从外面是可以看见的。相比之下，女人以一种更为"复杂的"内部**和**外部空间关系来表现她们的性别，因为她们的性器官是她们身体内部和外部共同的活动区域（例如，女人的唇、乳房、阴蒂和阴道）：

> 通过他能够爱他自己，他的性（器官）呈现出了本身的一些外在性——尽管这具有自身的危险性、自身的威胁或者分裂性。即便这样，器官仍然展示、展出、呈现在那里或者表现出来，甚至是处于运动中。这对女性的性器官来说是不符合事实的。……从女性角度来讲，爱自己是一种更为复杂的体验。显而易见地，女性总是服务于男人的自爱。但是也存在一个事实，即女性并不和男性一样，具有和外在性相同的联系。女人通过她**生出的**孩子被爱或爱她自己。那就是她**所呈现出的**。……和她的"结果"。这（无限期的）一连串的一个接着一个，等等。（男性或者女性）并没有对她产生和对男性一样多的兴趣（1993a，p. 63）。

因此，在伊里加雷的早期著作中，生物学上的性别是我们对性别主体性亲身体验的一个重要的物质方面，而且，她运用这一区别发展了有关性别和空间之间联系的观点。男性气概是由外部空间界定的，因其关注于分离观点的制造或者外部空间中的物体。相比之下，女性空间是**内外兼具的**，因为不存在任何一个单独分离的界限去定义一个女人的性别体验或者生物器官。在任何一种情况下，性别差异性均产生于截然不同的生物学以及精神上的主体性表现。

性别差异性因此表达出了不同的方式，即男人和女人以不同的方式从身体和精神角度去体验世界并与其他人产生关

20

联。对那些和这些理论应用理解相关的建筑讨论来说，可以参见莱斯利·凯恩斯·韦斯曼的《设计的歧视："男造"环境的女性主义批判》[①]（1992）；在建筑对塔楼、摩天大楼和男性气概的迷恋中，梅根·莫里斯（Meaghan Morris）所进行的有关男权统治逻辑的讨论（Colomina 1992，pp. 1-52），以及德博拉·弗奥什（Deborah Fausch）对身体和建筑的探索（Coleman *et al.* 1996，pp. 38-59）。

性别主体

在伊里加雷看来，女人总是包含着一个以上的主体地位。在文章《容积－流动性》中，伊里加雷探索了女人所同时包含的多元社会和物质空间以及角色。她从来不能被简化为一个单独的个体，但可以是"**双重**"；"女人既不是开放的也不是封闭的。她是无限期的、无穷尽的，她的*形式*从来都不是完整的。即使她不是无穷尽的但也不是一个单元（整体）"。（1985b，p. 229）至少有两个主体地位能够始终构建作为一名女人的体验；首先，性别主体不能够被简化为一个单独的同质主体，因为她的身体区别在于两个互相关联的要素（即阴唇和唇）。其

21

次，个体性别差异在身体和心理上的组合性表现，意味着这不是一种固有的多元状态：女人不能被简化为任何一种单独的形式、观点或者主体。就像女人的性器官（阴唇）不能被归结为分离的或者不相关联的要素，她性别的身体表现本质上讲是有区别的，但却始终保持关联。因此，对伊里加雷来说，女人并不缺少心理或者身体上的力量。相反，她所包含的多元模式证实了她多元的存在，因此，她不能被定义为不完整的

---

① 参照王志弘，张淑玫，魏庆嘉译，设计的歧视："男造"环境的女性主义批判，台北: 巨流图书公司，1997.——译者注

或者不充分的，因为她不能被简化为一个单独的有限的存在。这是一个复杂的并且动态的主体性体验，代表着一种更具有意义的表现，该表现是关于性别主体真正多元的从心理上和身体上对世界的体验。女人是多元的，因为她们能够**以不同的主体地位同时**存在着（即一个女人在同一时间，可能是母亲、女儿、伴侣、爱人、职业建筑师、历史学家、理论家以及评论家）。

此外，性别主体和性别空间是如何在语言上、机制上和家庭与工作的社会组织当中进行文化构建的，伊里加雷对此进行的探索，也导致了她拒绝把有限的社会和物质联系的家长制划分成为同质的、分离的物体以及空间。性别主体也是通过西方社会中学科和机制的知识组织而构建起来的，而并不仅仅起因于男性和女性身体之间的生物差异性。例如，在《讲话永不中立》（2002a）中，她展示了西方文化是如何忽略了性别主体和性别空间的积极属性，比如女人的对话和孩子们的玩耍，而且，她对学科和心理分析、科学以及语言学的机制结构所持有的疑问，表明了这些是如何使得性别主体不能被"适当地"表现出来。

在伊里加雷看来，所有口头语言和他们各自的具有代表性的符号直接赋予我们在世界上表现我们自己的能力。在《窥镜》中，她研究了和语言当中性别差异性的文化形成有关的女人之多样性。她观察到代词"我"（I）当中主体的语言形式是如何反映了西方文化的关联性，该关联性存在于单独的主体和度量或者秩序的分离单元之间。她认为，这决定着有限的有 ²² 理数和符号以及度量之间的关联性[例如数字1、一体（one）、神（God）、男人（man）]。

在她的早期作品中，尤其是在《窥镜》中，伊里加雷也认为，西方文化已经阻止性别主体存在于其讨论中；例如，在笛卡尔有关主体理论的文章中，她认为西方哲学限制了主体对理性物体和空间进行分离。另外，她指责笛卡尔，通过"眼睛"或者视觉，以及代词"我"或者具有自主权的中立主体，从而限制了对世界进行想象的构建（1985b，p. 180）。随后，在《演讲永不中立》中，伊里加雷回归到此问题，认为现代科学对离散数字"真相"的依赖，也把西方文化的语言和主体的机构划分反映到了有限的单元上（2002a，p. 2）。相比这些理性的和中立的结构，她认为，"有性别属性的我"通过可以开发不同的文化和物质表现以及语言而成为一个"翻译上的新工具"（2002a，p. 6）。伊里加雷早期对哲学家的对抗性理解（尤其是对亚里士多德、笛卡尔和康德）反映了学科界线之外的高度评判性态度，该学科界线之外指的是在 20 世纪 70 年代和 20 世纪 90 年代初期之间被予以接受的女性主义评论家。然而，在过去的 10 年中，为了揭开哲学的"盲点"，并且能够恢复隐藏的、被压抑的或者被遗忘的历史以及性别主体的概念，女性主义作家已经倾向于运用较低侵略性的方法（eg. Grosz 1995; Plant 1997; Battersby 1998; Lloyd 2002）。例如，在《二人行》中，受到梅洛－庞蒂（Merleau-Ponty）的知觉和感觉的哲学启发，伊里加雷为男人和女人推动了一种新的性别主体性语言（2001b，pp. 20-26）。

通过质问构建性别主体的知识和文化结构，伊里加雷因此表明，从根本上，语言是和他或者她在身体上和心理上的性别差异性体验紧密联系在一起的。在建筑实践中，也有许多男性和女性反映了视觉上以及口头建筑语言上的这些多元主体位置；例如，戴安娜·阿格雷斯特、詹尼弗·布卢默、拉乌尔·宾斯霍滕（Raoul Bunschoten）、比阿特丽斯·科洛米纳、伊丽莎白·迪勒、梅里尔·伊拉姆、彼得·埃森曼（Peter Eisenman）、罗宾·埃文斯（Robin Evans）、凯瑟琳·英格拉哈姆、格雷格·林恩（Greg Lynn）、玛丽·麦克劳德、本·

23

尼科尔森（Ben Nicholson）、简·伦德尔、尼尔·斯皮勒（Neil
Spiller）、杰里米·泰尔（Jeremy Till）、伯纳德·屈米（Bernard
Tschumi）、莎拉·威格尔斯沃思和马克·威格利，等等。这
些人的视觉以及口头建筑语言也因此表明，建筑并不一定总
是普遍性思维的反映，但却意味着建筑是由能够表现有性别
属性的建筑师和空间的多方位美学以及感官模式组成。

关联和关联度

　　建筑是由构筑建造环境的动态社会关联度与进程构建而
成。建筑绘图、建模、写作、制造，以及使用者的职业和他
或者她对所给予的建筑空间的适应性，所有这些都是固有的
动态进程。与那些把个体和社会空间制造的价值限制到之后
产生的想法上的建筑设计形式理论不同，在过去的 30 多年
间，马克思主义者、女性主义者以及后结构主义者对建筑的
诠释已经对其进程进行了定义，该定义是关于个体与社区对
其相关的环境进行运作的方式。例如，女性主义建筑历史学
家和理论家已经探索了不同的方式，即性别主体在家庭和工
作中以及在我们的关联度与城市的空间体验中互相配合的方
式，比如苏珊·亨德森的有关现代德国厨房的讨论（Coleman
1996，pp. 221-253），或者德洛丽丝·海登的关于北美现代
主义性别空间的评论（Hayden 1984）。希尔德·海内和戈尔
萨姆·巴伊达尔编辑的汇编《协商家庭生活》，也探索了这些
性别关联度和空间，例如，芭芭拉·彭纳对蜜月套房的性别空
间所进行的研究（2005，pp. 103-120）。根据这些理论与实
践，建筑因此通过性别主体互相之间的物质关联度构建而成，
同样也是通过空间关联度的身体以及心理构建而成，此关联
度在建造环境设计中受到鼓励、予以禁止或者被忽视。动态

的社会以及空间关系，即占用和使用空间的个体**之间的**关系，个体与他的或者她的行为活动、想法、记忆产生关联的不同方式**之间的**关系，与他人的关系，不同空间以及场所**之间的**关系，因此构建了西方社会中建筑所运行的方式。对建筑的使用和占有也反映了社会、空间、经济以及性别关系组织建筑制造的方式。因此，建筑材料和空间互相关联是基于构建性别主体的动态的物质条件。

伊里加雷在她的性别主体理论中给予了这些动态的社会和空间关联度以特权，她认为该理论是通过构建家庭以及友情，职业与亲密关系的物质和社会关联度构建起来的。例如，她展示了这些**主体间的**社会相互作用是如何构建的——我们把我们自己定义为女儿、儿子、父亲、母亲、恋人、专家，以及政治的、文化的市民的方式。相比之下，她认为系统性的思考把主体限制到一个有自主权的代理上，不受这些真正动态的社会关联所支配。因此，举例来说，尽管弗洛伊德和拉康认识到有关我们日常心理体验中男女个体之间的物质关联度的重要性，但每一个个体却不能使性别主体适当地存在。特别是，她总结道，弗洛伊德忽视了母亲和女儿之间关联度的重要性（1989，p. 109），接着拉康把女性的角色限制到母亲的**次要**位置上（1985a，p. 86）。因此，弗洛伊德和拉康心理分析法最终反映了消极地位，该消极地位归因于西方文化中把女性按等级划分（即赋予白人男性主体以特权的西方文化理论）。

另外，在文章《彼此间的商品》（*Commodities among themselves*）中，伊里加雷作出了一个关于消极文化价值的特别强烈的评论，该价值在经济关联当中和女性的性别差异性相关。该文章关注卡尔·马克思，西方思想史上的又一个主要思想家。伊里加雷质疑他的社会－政治关联的理论，以证明女性被置于一种关联的消极层级中，在该关联中，女性被贬值为被社会渴望的、可以获得的并且可以被排斥的副产品、"商品"或者"物体"（1985a，p. 192）。此外，当女性被要求承袭父亲的姓氏时，她们如何被父权社会置于附属位置，伊里加雷运用马克思的经济关联理论对此进行了评论。在这一方面，伊里加雷认为，马克思这一经济和社会关联度的理论把女性定义为男性户主的"财产"，而不是承认她们独立自主的权利。因此，她用"拥有"（proper）和"财产"（property）之间的隐喻联系，以表明经济关联度是如何依赖于自相似性的原则，该自相似性破坏了社会的独特性、多元性以及女性的价值。相反，女性变成和"使用价值"以及文化"财产"相关；"女人对男人传统上讲是一种使用价值，是男人中间一种可以交换的价值；换句话说，一种商品。"（1985a，pp. 83-84）

25

在伊里加雷看来，家庭中个体及其心理－社会空间的形成，对理解社会中女性重要性和参与富有成效的政治社会变化的能力来说，都属于核心内容。这一分析在下述文章中尤为深刻。《思考差异：为了一场和平革命》（1993c），《民主始于二者之间》（2001a）和《我对你的爱》，这些文章探讨了性别主体是如何为"真正的"民主变革赋予政治抱负的；例如，在《我对你的爱》当中，伊里加雷探索了存在于**非等级**关联度中女人和男人之间积极的关联度，比如对话。这些新的"主体对主体的关联"（1989，p.17）也反映了伊里加雷在20世纪80年代末期，和意大利共产党中的男人和女人共事期间所获得的积极的个人体验，也显示了她的信仰，即现代政治必须考虑女性在家、家庭以及社区中进行传统意义构建的**非等级**关联度和社区。

"他异性"和伦理差异性

对性别主体和性别空间的伦理理论来说，伊里加雷对主体之间不按等级划分之关联度的强调加强了她所持观点的基础。伊里加雷的理论由她对心理分析和哲学的理解发展而来，在哲学中，男性主体是通过与其他实体或者物体（或者女性）的差异性进行定义的。从这点上看，她的著作反映了"他者"深度的政治以及伦理概念，是由女性主义和后结构主义思想发展而来的，是在西蒙娜·德·波伏娃的《第二性》和雅克·德里达（Jacques Derrida）的"差异性"哲学之后的（e.g. Grosz 1995, pp. 120-124; 2001, pp. 91-93）。然而，尽管伊里加雷承认德·波伏娃实际上排斥伊里加雷的研究（1993b, pp. 9-16），但二人却共享一种信仰，即"他异性"对被赋予特权的**不同主体性和关联度**来说是一种必不可少的政治策略，而传统结构主义理论却忽视了该主体性和关联度。

下面的表1展示了伊里加雷著作中定义女性的他异性的三种版本。前两栏把女性定位于**二元关联度**中的他者，此处，两种不同的价值被置于互相对立的位置上。在第一栏中，这种结构的**按等级划分**的版本被展现出来，此处，和女性相关的术语**总是**消极的；例如，尽管女人作为一名母亲是具有积极价值的，但她仍然还是和不完整有关。在第二栏中，他异性的女性属性和男性特征是平等的；即作为非等级二元对（binary pair）的一部分，每一个人都具有**积极的**价值。最后，第三栏展示了一种新的令人向往的"现实"，在该现实中，女人的他异性是独立于二元结构的。此处，性别主体的独特差异性（即她的智力和身体力量）并不依赖于一种潜在的二元结构（例如，"任何主体理论总是专属于男性"，1985b, pp. 134-137, and 1985a, pp. 97-101）。

表 1

	1		2	3
	消极的按等级划分的 非性别二元性		积极的不按等级划分 的性别二元性	其他（非二元性） 性别主体
男性	女性	男性＝女性		女性
主体	其他	主体＝物体		主体
完整	不完整	完整＝不完整		不完整
原始	模仿	原始＝模仿		原始
相同	其他	相同＝其他		其他
父亲	母亲	父亲＝母亲		母亲
母亲（－）	其他	母亲＝其他		女儿
其他（－）	其他	其他＝其他		多元

二元思维对伊里加雷来说是一把双刃剑。总之，这给予 27
了她一种双重思维的有力机制，通过该机制，她可以识别女
性主体的积极和消极价值。然而，二元价值也总是把女性主
体束缚到一种思维模式上，即需求另外一种价值（即男性主体）
出现，目的在于能够被理解。因此她推动了第三种结构，"其他"
性别主体，和男性主体无关的所有二元关联。所以，至少有
两种现实可以使女人的性别积极地表现出来；首先，通过男人
和女人之间的不按等级划分的对话，其次，通过一种更为理
性的策略，可以把性别关联度重新配置到一种完全不同的现
实中，该现实是由多元性别差异性组成。

对建筑而言，伊里加雷对其他主体的分析是一种有价值
的机制，通过该机制可以考虑什么样的主体位置、声音、语
言以及关联度，在建筑中是被允许的或者是被禁止的；例如，
玛丽·麦克劳德（Coleman *et al.* 1996, pp. 1-37）和莎拉·威
格尔斯沃思（Ruedi *et al.* 1996，pp. 274-287），为女性建
筑师和使用者，探索了他异性的积极与消极影响；爱丽丝·弗
里德曼（1988）和林恩·沃克（Rendell *et al.* 2000，pp.

258-265）已经对女人的历史价值进行了探索，此时女人是作为"他者"，即在她们是业主或者赞助人的时候。有关历史、政治和建筑的社会使用方面的性别主体的进入与禁止问题，因此成为这些讨论的核心内容。

《窥镜》触及了西方思维当中不同种族和多元文化主体性以及历史的匮乏，并且她的后期著作也在寻找西方信仰体系的对策，比如佛教，但是伊里加雷并没有详细讨论多元文化主义和种族的议题。然而，伊里加雷的讨论反映在对政治、社会和物质变化的浓厚渴望中，"他者"性别主体把该变化带到了建筑上。建筑和空间的种族探索包括：泽伊内普·蔡利克对勒·柯布西耶（Le Corbusier）的代表性作品——阿尔及尔[①]城市规划的分析（Rendell *et al.* 2000，pp. 321-331）；莱斯利·纳·诺·洛科对黑人建筑师如同其他人一样的讨论（Hill 2001，pp. 175-192），和贝尔·胡克斯[②]对多元文化空间历史的分析（Rendell *et al.* 2000，pp.203-209）。历史学家和理论家已经对那些建筑当中往往被传统建筑历史与理论所忽略的同性恋性取向或者"古怪"空间进行过探讨，他们包括帕特丽夏·怀特（Patricia White）（Colomina 1992，pp. 131-162）、乔尔·桑德斯（Joel Sanders）（1996）、亨利·乌尔巴赫（Ruedi *et al.* 1996，pp. 246-263）以及德斯皮娜·斯塔提卡克斯（Despina Stratigakos）（Heynen and Baydar 2005，pp. 145-161）。另外，最近，他者的理论和

28

---

① 阿尔及尔是阿尔及利亚的首都。柯布西耶在 20 世纪 30 年代初对阿尔及尔提出了炮弹规划（Obus Plan），主要体现在建造一条连接圣尤金郊区和市中心高为 100 米的高速公路，随着海岸线蜿蜒，公路下部结构可以设计 18 万人规模的巨型公寓楼。在皇帝堡城区的高架站点，开发可供 22 万人规模的复杂圆弧状巨型公寓楼。该规划当时被政府否决。——译者注

② 贝尔·胡克斯（Bell Hooks）是笔名，本名是格洛里亚·琼·沃特金斯（Gloria Jean Watkins）。是美国著名作家、女性主义者和社会活动家。——译者注

实践也已经得以发展，是通过艺术家和建筑师对实体和合法建筑进行评论，这些建筑是用来控制并禁止经济移民跨越界线，例如，表明对"他者"的禁止是如何在 21 世纪继续实施的；讲述美国和墨西哥之间边境故事的尚塔尔·阿克曼（Chantal Ackerman）的电影《来自另一边》（From the Other Side，2002），阿特拉斯集团对黎巴嫩的研究以及对名为"身份：横穿固体海洋之旅"①（ID：A journey through a solid sea）[Documenta 11：Platform 5（2002），pp. 14-15，pp. 26-27 and pp. 166-167] 的地中海多样性项目之研究。伊里加雷的他异性伦理学，因而反映了对探索并制造社会中真正物质变化的持续需求，从而使不同的性别主体性，可以在建筑的修建中、实践中、研究以及教育中，完全表现出来。

主体和物体：主体对主体

通过二元思维，伊里加雷表明西方的主体性观点由积极的和消极的力量共同支撑而成。举例来说，她认为，由于积极的男性主体，二元主体 - 物体的关联反映了不平等的力量分配，这与物体或者其相等物（即"她"、"它"或者"他者"）的不充足力量相对。因此，性别主体被局限到一种被动的、静态的物质形式上，或者依赖于另外的力量的"物体上"（例如，见她的文章，《"主体"的任何理论总是专属于"男性"》，

---

① 关于该项目的研究始于德国卡塞尔介绍"固体海洋案例 01"，即"幽灵船"。该船载有选择从马耳他到意大利线路上的 283 名非法移民，于 1996 年 12 月 26 日夜在意大利海岸附近沉没，距西西里东海岸只有几英里之遥。该故事和其他很多事件一样演变出了欧洲非法移民的路线，映照出了波罗的海当年非法移民的景象：种族混杂、冲突、传统和文化混合，等等。现在，波罗的海是一种硬质空间，固体的，梳理出了准确的路线：从法罗拉到布林迪西，从马耳他到帕洛港，从阿尔及尔到马赛等。现在，进入波罗的海需要有可靠的身份（Boeri，2015）。——译者注

1985b，pp. 133-146）。取代物化体系，伊里加雷设定了主体之间活跃的互相交流——"主体对主体"的关联度——即**由持续地变化、不同主体性之间以及内部的积极和流畅的协商而产生出来**。交流的性别空间是由"主体对主体"的关联而产生的，该关联抵制支撑主体－物体等级制度的线性、单一方向的思维，因为任何"单独的"性别主体包含了一种不同主体位置的多样性，并依赖于他或者她对其他主体来说所具有的关联度。

相反，性别主体的交流过程是动态的、多方向的并且是非线性的，例如，在文章中，"谈话的力量"，伊里加雷描述了《窥镜》中流畅结构的重要性：

> 严格地讲，讲话[它]没有开始或者结束。文本或者文字的建筑构造学，混淆了外形的线性、谈话的技术，除了感情被压抑、被责难的传统场所之外，其中对"女性"来说没有可能的场所（1985a，p. 68）。

伊里加雷也推翻了权威，这是基于逻辑或者体系的（即理性的或者科学的）思维形式，该思维形式是通过她对语言文化以及词源学渊源所进行的分裂性阅读。在她的第一本标题为《他者女人的窥镜》的书中，她对单词"窥镜"的颠覆是很明显的。此处，伊里加雷推翻了窥镜（用于女性身体内部检查的凹面镜）的医学和文化价值，从而表明这是把女性的被动身体放置于男性主体积极"注视"之下的一种仪器。她认为，这些镜子一般的程序，通过"物化"程序，制造出了关于女性的科学"真相"，以把女性的身体定位于分离的内部和外部空间。通过运用一种隐喻式的技术手段去解构单词"窥镜"，她揭示了它是一种物化（使得女性成为"物体"）和扭曲的工具，把女性冻结在男性主体的注视之下。此外，她颠覆了窥镜的扭曲和反射力量以揭示她关于本源性别主体性的理论。因此，伊里加雷对表现的物化体系和双重思维的抵制，支撑她对积极的性别主体和主体对主体的关联予以促进，并且使她能够对互不关联的决定性物体的产生和思维体系予以破坏。

多元现实

对伊里加雷来说，"现实"——**一个主体所过着的他或者她的生活方式**——总是同时在多个层次上体验着。这一信仰支撑着她的渴望，即真正的身体、物质、政治以及心理现实，是为西方文化中的不同历史和空间背景下的性别主体而存在。正如我在上述所建议的，伊里加雷已经对其中一些有关性别主体的文化和物质理解的观点予以了发展；举例来说，存在于性别主体的身体和心理体验之间的双重作用，或者语言和制度积极或者消极地构建性别主体的方式。或者，通过探索我们对语言的掌握如何赋予我们在世界上表现我们自己的方式，她认为，技术的（即建筑的）、个人的、创造性的、渴望的、政治的、神学的和性别类的语言，对我们来说，是否可以掌握或者不可以掌握，取决于我们的性别。举例来说，这些观点，她对语言政治学和学科知识进行探索时已经予以讨论，例如，在《问题》（Questions, 1985a）中，或者在《讲话永不中立》中，她对能够影响女性精神健康议题的片段式"多元"主体位置所进行的讨论。

因此，积极的**物质**性别差异对女性的表现，对于伊里加雷的思想来说是至关重要的。但是，她也关心积极的和消极的**非物质**精神现实，这些现实为了性别主体而存在；举例来说，在神话和故事中对女性的构建，或者因为无意识的情感压抑、幻想、幻觉，或者类似于想象力而表现出来的样子。因此，除了探讨女性的身体性欲望之外，伊里加雷探索了，在哲学上或者在心理分析中无意识的情感压抑上，性别主体如何成为一种不充分的"想象出来的"现实（1985a, p. 25）。然而，在她关于非等级划分的精神和神话之性别现实的文章中，即《实现我们的人性》（*Fulfilling our humanity*）（Irigaray 2004, pp. 186-194），或者，在《二人行》这本书的开头和结尾处所出现的"创世神话"中，她也表明，女性是一种积极的非物质精神。正如幻想中所看到的，女性对建筑和城市的探索具有积极和消极的影响，例如，伊丽莎白·威尔逊（Elizabeth Wilson）关于城市中狮身人面像的理论（1991）；莫丽·汉克维兹（Molly Hankwitz）有关艺术家作品的文章,尼基·德·圣法尔（Niki de Saint-Phalle）（Coleman *et al.* 1996, pp. 161-182）；或者，詹尼弗·布卢默对伊里加雷之"黄金女人"和自由女神像（1993,p. 188）以及女性神话的讨论（Rendell *et al.* 2000, pp. 371-377）。

31

在这些后期出版作品中，以及在《爱的方式》中，我们可以在伊里加雷的质询中看到一种转变，这种质询针对西方思想及其允许或者不允许的物质与非物质现实。从她早期高度地批判反对具有局限性的现实，该现实归因于依靠哲学和心理分析的（即她是一种想象中的模仿或者情感压抑的观点）性别主体，到和哲学家们进行**对话**，即那些发展了关于性别主体以及哲学（尤其是在她有关海德格尔和勒维纳斯的著作中）之积极讨论的哲学家们，在此过程中，有一个重要的转变。因此，这些后期出版作品并不是为了构建性别主体的性别描述，即作为母亲身份、家庭、性别体验或者政治上能够反对西方文化中占主导形式的性别描述，而是基于和其他每一个哲学家所进行的积极对话，对性别现实予以发展。这一转变也反映在伊里加雷所发展的一系列相互关联的术语中，比如，

"共同归属"（co-belonging）（2002b，p. 60），"处于关联中"（being-in-relation），"二者之间"（between-two）以及"和另外一个相关的"（in-relation-to-the-other）（2002b，p. 90）。因此，伊里加雷的后期著作，基于非等级划分的物质以及非物质的性别差异，构建了"另外一种哲学，在某种程度上，是一种女性的哲学"（2002b，p. vii）。在第5章，我将继续回归到对这些观点的研究，将它们作为诗意的结构，更具体地去考虑，但是此处，詹尼弗·布卢默、凯瑟琳·英格拉哈姆、伊丽莎白·迪勒和简·伦德尔，都是建筑执业者的实例，她们也从事于空间创造，这些空间展示了设计和书写性别文化和性别建筑的一种承诺。

因此，伊里加雷有关性别差异和性别主体的理论，本质上关注于积极、多元、体验以及生活空间。在当代西方社会中，性别主体的政治现实对她的观点来说是固有存在的。

在伊里加雷看来，特定的身体、心理、生物、性别、精神、历史以及文化品质，在他们各自的世界中，构建了女性的性别主体，并且构建了男性的性别主体，这些体现在伊里加雷后期著作中。这些是重要的观点，能够使得建筑表现性别社会的复杂性，并且能够为所有个体建造真正的、物质的以及富有成效的现实。**涉及这些观点的建筑因此可以被理解——作为能够建造现存性别文化并且支持所有性别主体的现实的一门学科被理解。**

对话

伊里加雷对个体之间对话的强调，体现在对每一章节"对话"部分的总结之中。此处，邀请读者继续每个章节中关于性别产品以及建造环境使用的讨论，例如通过和伊里加雷的著作进行对话，以及此处所涉及的建筑资源，即那些直接和她的观点相关，或者能够反映她的观点的关于建筑设计、历史、理论与批判的对话。

建筑师如何在建筑图纸、平面和剖面中构建**不同的**空间？

什么是建筑设计中的**双重思维**？什么时候富有成效？什么时候对设计来说是一种局限性？

什么是建筑中的多元性？它是如何运作的？

组对或者一组设计师的工作组合具有什么好处？

建筑在什么时候能够鼓励建筑师成为**性别主体**？

如何在组群中发展并且架构**多元**观点的生产成果？

什么是主体所采用的不同主体位置的**政治**含义，比如，建筑师作为设计者和使用者？

建筑师如何运用这些**不同的主体位置**去帮助他的或者她的工作？

通道和福流（flows[①]）

在第 1 章中我提出，伊里加雷流动的（fluid）[②]"主体对主体"关联对建筑来说是非常有价值的，因为它们能够把建筑重新配置到不能简化的（即无限的）以及复杂的关联度中。伊里加雷的观点也反映在近代建筑理论和实践中，这些理论和实践已经寻求挑战——赋予静态物质空间组织以特权的建筑之形式主义表达。这些后结构主义方法表明，建筑设计及其使用由动态的（dynamic）心理以及物质过程组成，建筑师、合作者和使用者使该过程得以具体化；举例来说，要求设计师发展一系列灵活的关于实践和理论的美学、社会、技术和结构技能。因此，通过建筑的建造和诠释，建筑设计、历史、理论以及批判主义作为一个具有渗透性的过程得以被理解。   34

当然，建筑设计职业可以通过其需要而被定义，以能够正确地管理和实施大量的技术信息和材料；尤其是在这样的知识和技能与结构设计方面相关之时，法律上要求建筑设计满足法定规章。然而，除了能够做出准确和精确的判断之外，即对于在设计以及制造过程中所使用的相关材料、几何、尺度或者大小方面之判断，当建筑师也通过谈判协商技巧、信

---

① 由心理学家米哈伊·西卡森特米哈伊（Mihalyi Csikszentmihalyi）提出的心理学概念（Csikszentmihalyi, 2002）。flow 有多种中文译本，比如，沉浸体验、心流、流畅、流动、意识流。本书中译为"福流"，是采用彭凯平先生的翻译。——译者注

② 伊里格瑞认为男性占主导的科学忽略了流体力学（fluid mechanics），男性科学更倾向于刚化力学（rigid mechanics）。而女性本身固有的性别特征恰恰能够为科学补充流动的可能性。——译者注

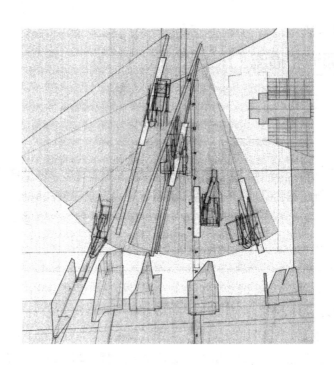

息和材料，连同其他专家和业主一起设计的时候，那么后结构主义的女性主义和马克思主义建筑师、历史学家、理论家和评论家就已经表明了动态过程对于社会和建筑职业的益处。

　　在本章中，我认为伊里加雷关于流动的物质关联度的著作，对建筑来说是非常重要的，因为她为执业者提供了探索方式，即探索了建筑的实体、社会和物质过程是如何同样具有性别的。伊里加雷的著作找回了被遗忘的观点、资源和女性的"本源"、女性构建和栖居的物质和性别空间。此外，她证明了性别主体和她的性别空间以及**流动的**物质概念具有尤为亲密的关联度。伊里加雷运用这一动态关联度，是为了打破传统的哲学和心理分析学理论，这些理论使得女性的力量僵化成不适当行为的有限形式。举例来说，通过推动女性**物质生产**的变革力量（尤其是关于怀孕和生育），伊里加雷认为，我们的空间体验和与其他人的关联度也被重新配置成为流动的、具有渗透性的界限，而不是分离的有限空间。另外，伊里加雷认为，女性和物质方面的明确的文化关联也体现在她的精神力量或者欲望中。她再一次运用了女性及其地位之间的关系作为不完整物质或者主体性的一种变化无常的状态，是为了表明性别主体尤其能够制造流动的空间体验。

因此，伊里加雷对物质性别进程和空间交流的研究，可 以和近代建筑历史、理论和"流动的建筑"的实践联系起来，并且能够提升建筑设计中有关于动态空间制造和社会关联度的讨论。在她对路径和通道的分析中，这些联系尤为清晰，突出强调了流动空间交流和动态空间交流的重要性，同时她也探索了性别主体对"栖居"的切身和心理体验。

洞穴和通道

在《窥镜》中，伊里加雷认为，女性构建积极物质空间的能力已经被西方哲学所遗忘。在标题为"柏拉图的子宫"的长篇论文中,她分析了柏拉图的经典哲学著作之一——《理想国》(*The Republic*)，该著作包含了一段关于上帝、人类主体和人类栖居洞穴[①]的神话故事。柏拉图的对话被认为是意义重大的，因为该对话在空间表达的范围内，对不同种知识的"本源"进行了描述。柏拉图描述了两种现实如何存在。首先，上帝的，以至众神的或者卓越的观点，都位于洞穴之外。相比之下，第二种现实存在于洞穴之内，由经验主义的人类物质组成（即身体的体验）。然而，伊里加雷认为，女性和栖居、物质以及空间之间的关联度，被具有影响力的对西方思维和表达形式

---

① 详细信息可参见柏拉图在《理想国》中叙述的洞穴寓言。——译者注

的对描述所歪曲。首先，她指出，洞穴仅仅可以是一种对众神和未知观点在材料上的模仿。此外，她认为，洞穴及其使用者不仅仅具有代表性或者是未知原始领域的"反映"（即他们并不是"真正的"体验），而且他们把女性的存在以及体验排除在外。

在伊里加雷看来，这意味着柏拉图哲学把性别主体和性别空间排除在外。首先，她表明，如果女性在这个故事中存在，那么她们会被局限在**幻觉**、**模仿**或者男性主体的**映像**上；例如，她们是洞穴墙壁上男人的"影子"。其次，她认为，柏拉图忽略了洞穴可以被比拟为子宫的实际形状，因此，人类栖居空间的性别本源被遗忘了。（1985b, p. 243）抽出这一比喻，她也是想表明柏拉图是如何把洞穴置于一种**被动的**"立场"或者能够支持男性活动的空间，再次进一步忽略了和子宫的联系，忽略了与人类主体真正制造的积极的性别场所之间的联系（1985b, p. 244）。因此，对伊里加雷来说，柏拉图的故事是关于人类文化本源的一个创造性神话，但是却以牺牲女性在性别主体和性别空间的真正形成中的作用为代价。

伊里加雷的分析也通过她对多元文化和词源上的理解得以发展，该词源上的理解是基于古希腊词汇对子宫（womb）（hystera）、母体（mother）（matrix）以及物质（matter）（也指 matrix）所做出的解释。这些理解支持了她的论点，即女性被归属于辅助性立场的被动式位置或者洞穴内部为男性活动而设的栖居。伊里加雷对这些多元层次之诠释的探讨，揭示了女性及其生产制造的力量从属于一系列次要的作用。再一次，女性孕育器官的形状（womb 或者 hystera），仅仅是对洞穴空间的一种形式类比，因此女性被当作一种模仿的或者同等的空间生产制造者。最后，伊里加雷认为，如果把女性作为一种被动式空间母体（物质 / 母体）（matter/mother），那么其价值强调了甚至更加肯定了，她是世界上生产制造的一种次要等级物质，而不是一种纯粹的抽象观点。因此，柏拉图的本源神话把女性这一人类主体在生产制造中的作用归属于次要的、辅助性的并且是物质性的。

接下来，伊里加雷发展了对洞穴和**子宫**的批判性分析，以证明柏拉图也忽略了性别主体生产制造过程中"通道"或者产道（另外一处相连接的性别空间）的重要性。在名为"单向通道"的部分内容中，她认为，尽管柏拉图关于人类主体性本源的神话赋予母体与生产制造空间相类似的价值，但却没有认识到蕴含在女性那"被遗忘的路径"中特殊的变革力量，而该路径位于主体生理开端和他的或者她的社会生活之间：

> 但是也还有一条路径，毫无疑问是在渠道、颈部、通道、走廊的画面中产生的，所有这些路径可以沿洞穴朝上走（或者相当于朝下走）向日光，走向日光下的景物。画廊、护套、封闭式的通道，空间被围合着，从日光照明的地上部分延伸至点火照明的地下洞室。这一渠道在洞穴内部被使用并予以再生。一种循环往复、表征、轮廓再次出现在通道的洞穴之内，该通道可以提供进入和离开洞穴的引导。出现在通道**之间**。出现在"充当中间媒介"（go-between）的路径当中，该路径连接了两个"世界"、两种模式、两种方法、两种度量，此度量是可以再生的、有代表性的、能够看到的，尤其是太阳、火、光、"物体"和洞穴。[①] 在此通道中，既没有外部一说也没有内部一说，它处于出口和入口之间，在进入和侵略之间。这是一条关键的通道，即使当它被忽略时，或者即使特别地被忽略的

37

---

① 柏拉图认为，我们平常所看到的这个世界为"可感世界"，是能够被感官把握到的，比如太阳、火、光、物体和洞穴，可以帮助度量。——译者注

时候，此时是由于通道被遗忘，基于洞穴**之内**正在再生的真正事实，它将会……维持所有对分的硬化过程……。但是在这些所有对立当中，已经被遗忘并且具有很好的理由的内容就是，如何通过这一通道，如何与此被遗忘的过渡进行协商……（1985b，pp. 246-247）。

在伊里加雷看来，因而，柏拉图的故事是把女性的生产作用固定到模仿、映像以及繁衍的较低等级上去。另外，她认为，柏拉图遗忘了子宫，他也忽略了通道、路径或者"中间"空间的性别本源，在内部和外部空间之间的运动之中，这些通道、路径或者"中间"空间把空间和时间连接到了一起。或者，当他真正承认通道的存在时，物质转变的力量却已丢失，因为这是对洞穴理念的一种模仿，由此进一步强调了女性力量之不充足的表现，而该女性力量却能够引发真正原始的身体以及脑力转变。

相比之下，伊里加雷重新诠释了洞穴和通道，将其作为动态的、阳性物质的和流动转变的多元性别空间，并且，她的评论和其他女性主义建筑师所表述的论点相联系，比如，莎拉·威格尔斯沃思和弗朗西斯·布拉德肖（Matrix[①]），还有建筑理论家，比如，凯恩斯·韦斯曼（1992，pp. 149-159）以及海登（1984，pp. 173-208），海登认为，对照顾孩子和家庭生活的积极体验是由通道和流动、开放的空间构建而成的，

---

① 此处的 Matrix 是英国第一家支持女权主义的建筑师事务所，位于伦敦，成立于 1980 年。事务所员工不按等级划分，薪资均等。事务所主要从事社会公益项目和提供技术与设计咨询。于 1984 年，Matrix 出版了《创造空间：女性和人工环境》（Making space: women and the man made environment）。莎拉·威格尔斯沃思和弗朗西斯·布拉德肖为事务所成员。详情可参见 http://www.spatialagency.net/database/matrix.feminist.design.co-operative。——译者注

而该通道和空间能够使所有主体**之间的**交流和身体互动成为可能。再者，简·伦德尔在她对伯灵顿拱廊的研究中，把伊里加雷和沃尔特·本雅明有关通道、门槛和界限的理论联系到了一起（Coles 1999，pp. 168-191）。下面我要讨论伊里加雷有关流动物质的理论是如何同样被反映在建筑探索当中的，即主体之间亲密流动的并且相互作用的建筑探索。

流动的物质

伊里加雷对女性和物质之间关联度的探索，对理解性别差异是如何包含在性别主体和性别空间中来说，也意义重大。在《窥镜》中，她认为，物质对传统的形而上学来说是必要的组成部分；然而，它也总是被构想为次要的且纯粹一成不变的形式和观点。物质是不充足的，因其具有变化、多元性以及地方差异，不是纯粹的、普遍的、恒定不变的观点或者本源。此外，根据这些等级划分，男性是和理性观点联系在一起的，女性是和物质联系在一起的，导致伊里加雷认为，女性被认为是男性智力的实体**复制品**，而该复制品是有欠缺的。她证明关于世界上物质表现的观点构建了具有损害性的二元差异，即男性和观点相对于女性和物质之间的二元差异，此观点也支持了存在于观点 / 物体（idea/object）、形式 / 物质（form/matter）、非物质 / 物质（immaterial/material）、精神 / 身体（mental/physical）、空间 / 时间（space/time）、存在 / 生成（being/becoming）、科学 / 艺术（science/art）、普遍 / 特定（general/particular）以及有限 / 无限（finitude/infinity）之间的关联度。相比之下，她认为，通过开创现实中特别积极的**生产**，女性具有**积极的**物质进程；举例来说，分娩中女性所具有的独特作用，她在性别欲望中的表现，或者女性置放于主体之间的情感关联度的重要性。这些女性体验当中的每一个，均构成了对性别主体之物质力量的积极以及富有成效的理解。**对伊里加雷来说，她通过重新思考现代社会中性别实体和社会关联度，从而认为物质成为一种概念。**

因此，伊里加雷坚信，西方思想倾向于把特别消极的物质属性分配到女性身上；例如，女性与无独创精神的模仿、复制或者物质空间的模拟相关联，并且，她已经被描述成为一个器皿、容器或者容积，这都是被动式的，直到被另一个（男性）媒介使用或者激活。此外，自行矛盾地，女性已经和不完全、无限以及形式不明联系在一起，这是因为她易变身体内的流动力量，该力量来源于她过多的知觉或者物质驱动力，而不是"纯粹的"智慧观点或者"理由"。因此，本质上讲，女性

39 是矛盾的（即辩证的）物质，并且，伊里加雷表明，这些联系实际上损害了她的价值，此价值是基于她对文化以及社会所带来的真正具有创造性的贡献。再者，她认为，准确地讲，一名女性生产制造的力量是原始的，因其嵌入在她的物质流动性当中。

通过质疑此"有欠缺的"矛盾，伊里加雷表明，女性构成了一个完全不同类的物质，该物质本质上关注运动、时间、流动性、福流以及真正的空间物质转变。下文中，我会在不同空间和渴望个体范围之内及其之间，去探讨伊里加雷的观点如何对实体物质、心理福流和通道生成积极的理解。另外，她的观点涉及近代建筑设计、历史、理论以及批判主义，这些均推动了流畅的物质实际和性别空间。

《没有轮廓线的容积》（*Volume without contours*）一文收录在《窥镜》（1985b）中，被翻译为"容积－流动性"（Volume-fluidity），在文中，伊里加雷对物质和心理转变过程中女性力量的积极自然属性进行了研究。此处，她推动了

分娩和孕育的生产物质本源，将其作为性别空间的性别主体之起源的实例，与此相反的是哲学以及心理分析学上的被动式作用，该作用可以分配给女性再造或者模仿的行为活动。在怀孕以及分娩中，伊里加雷把女性的多元化心理力量和性别主体性的动态物质化过程联系到一起，例如，她写道：

> **在某一容积中，那／一名女性是永远不会关闭／闭口（闭嘴）的**。对母亲的身份来说，这一表示是不可避免的，这使得我们忘掉了女性可以变得更加具有流动性，由于她**又怀孕了／胚胎附入 [怀孕了（enceinte）]**，因为，除非子宫没有了——通过他，她身体中的他——在被阴茎占有中，都不能封闭唇瓣的开口 [间距]（écart）（1991b，p. 65）。

因此，积极的、物质的空间体验之本源，存在于必不可少并且是矛盾的子宫画面中，这是性别主体的**动态场所**，并不是一种分离式的互不相关的容器。另外，基于女性身体内部和外部空间之间动态的并且具有渗透性的运动，伊里加雷创造了一种不同的"原始的"生产场所。因此，女性的身体和精神力量，是作为性别主体中差异性相互作用的来源而被理解的（1991b，pp. 45-46）。（在下一章节中，我还会研究有关触觉交流以及胎儿和母体之间关联度的这一物质连续性，这也反映了精神和身体关联度的流动性）。

在比如文章《流体"力学"》中，伊里加雷同样探索了女性流动的精神－生理是如何被心理分析理论歪曲的，因为该理论忽略了她原本的流体性质（尤其是她的血液和乳汁）。她写道，举例来说，"如果我们现在研究流体的性质，我们会注意到，在很大程度上，这种'真实'可能完全包括一种身体上的现实，该现实能够继续抵制足够的象征化"（1985a，p. 106）。后来，在《海洋恋人：弗里德里希·尼采》这本书中，

40

她分析了尼采《查拉图斯特拉如是说》（1985）书中诗意的文字，基于女性的流动主体性和海洋中"创造性的"力量，从而发展了动态女性物质的一种强有力的形象。在这篇著作中，她通过诗意的通道（即所分的段落）分析了尼采有关本源和差异的理论，正如它的起起落落，此通道能够帮助探索必不可少的运动和"女性"海洋般的深度：

> 在我的身体内，任何事物都已经是流动的，只要你不再介意这样异乎惯例的动作及其歌曲，那么你也是随之流动的。……因此请记住这种液体的场景，也请感觉一下口中唾液的味道——在你沉默期间关注她那熟悉的存在感，在你讲话的时候她又是如何被遗忘的。再或者，当你喝水时如何停止讲话。一切都是为了你，这是多么的必要！这些流体可以很柔和地给时间做标记……（1991a，p. 37）。

伊里加雷和哲学家们富有成效的交流也是很明显的，这体现在《遗忘在风中：马丁·海德格尔》文中她对海德格尔哲学的诗意分析（1999）。每一本书都是一种相遇，能够在交流中**建立积极的流动和女性主义路径**，并且标志着与她早期在《窥镜》和《此性》中对哲学的批判性理解截然不同的转变。41质疑把女性简化为不明形式、被动的、迟钝的或者具有欠缺的物质复制品的物质和空间理论，这些对西方思想本源的评论，使她能够重新分配性别主体和流动物质理论之间的关联度。因此，有关女性主义通道和路径的性别空间被恢复，削弱了非性别智慧观点、性别物质身体与空间之间的二元对立。

另外，伊里加雷表明，变革和生产的物质力量对充满**渴望的女性身体**来说是固有存在的，尤其是关于分娩，产生了活跃、智能以及敏感物质的新定义。对建筑来说，这些都是有趣的策略，通过这些策略去思考空间的形式主义理论，从而认为物质是没有形式的，直到该物质可以通过一种外部理念或者形式的应用而被塑造并被激活。举例来说，在建筑设计中，苏珊娜·托尔在圣多明哥设计了一所房屋（1972—1973），对住房中流动空间的社会效益进行了研究（Kanes Weisman 1992，p. 153）。还有其他一些女性建筑师探索的流动空间组织的项目，包括：卡罗琳·博斯和本·范·贝克尔的"莫比乌斯住宅"（Moebius House）（1998），艾莉森·布鲁克斯建筑师事务所的"裹屋"[①]（Wrap House）（2004—2005），这些项目把住宅中的工作、社交以及私人空间交织在一起，从而形成了能够允许流动交换的建筑。此外，有关建筑物资流动性的理论观点存在于：伊丽莎白·格罗茨对伊里加雷"超额"（excess）观点的研究（2001，pp. 150-161）；凯蒂·劳埃德·托马斯关于建筑事件的文章（2007，pp. 2-12）；比阿特丽斯·科洛米纳有关路斯（Loos）和勒·柯布西耶的文章（1992，pp.73-130）；或者当阿德里安·福尔蒂（Andrian Forty）质疑现代主义男性形式和流动建筑之间的关联度之时，说到了尼尔·德纳里（Neil Denari）的折叠式建筑，即"柔软易弯曲的"，就像女性空间一样（Rüedi *et al.* 1996，p. 153）。

欲望、快感和爱情

欲望的概念遍及整个西方思想的历史，并且，对伊里加雷关于空间的理论和建筑来说，这些观点也具有重大的意义，

---

① 裹屋项目是对伦敦一所独立住宅地上一层所进行的扩建，面积为100m²，为该住宅提供了连接和持续的多样内部空间。从主卧可以俯视有趣的屋顶景观。设计概念来源于把单一的表面变形为可以折叠的缎带，从而既创造了高品质的内外部空间，又最大程度地保证了主卧朝向花园的景观性。（ABA，2015）——译者注

因为它们能够在存在的身体和心理状态之间的门槛处进行协商；举例来说，非物质观点和概念的智慧领域，这二者之间的分歧，和世界上能够体现情感、感觉以及知觉的感知领域相对。

在 17 世纪笛卡尔和斯宾诺莎的著作中，欲望处于人类主体的"激情"（即情感）中。再者，在 19 世纪弗洛伊德思潮中，欲望和心理性别的"驱动力"或者推动力有关。对马克思来说，资本的产生反映了物质转变过程中欲望。因此，在每一种理论中，欲望是一种力量，被包含在主体思想和感觉中。然而，伊里加雷认为，传统的哲学并没有为女性发展出一种可持续发展并且积极的欲望理论。在《窥镜》和《此性》中，她研究了欲望，是为了表明哲学和心理分析学是如何曲解欲望和性别主体之间关联度的，从而对女性的生活造成了伤害。尤其是，她认为这些学科倾向于通过缺失或者超额以及不理性的消极含义（即通过把女性的情感定义为不理性的）去发展关联度。

在建筑和城市空间背景下，沃尔特·本雅明的《拱廊计划》（*The Arcades Project*）（1927—1940），路易·阿拉贡（Louis Aragon）的《巴黎的农民》（*Paris Peasant*）（1926），亨利·列斐伏尔（Henri Lefebvre）的《日常生活批判》（*Critique of Everyday Life*）（1947），米歇尔·德·塞尔托（Michel de Certeau）的《日常生活实践》（*The Practice of Everyday Life*）（1974），居伊·德博尔（Guy Debord）《景观社会》（*The society of the Spectacle*）（1967），以及雷姆·库哈斯（Rem Koolhaas）的《疯狂的纽约》（*Delirious New York*）（1994），同样对单独主体、他的或者她的欲望和现代都市之间的关联度进行了探索，并标明此关联度由不可缩减的驱动力和愿望组成。更近一些时候，建筑以及女性主义历史学家和理论家，已经开始展开令人渴望的（desiring）和被渴望的（desired）

女性的研究，这些女性行走于城市空间中，并对城市空间进行了重新分配，而且体现了伊里加雷对欲望的分析；例如，威尔逊的《城市的狮身人面像》、伦德尔的《追求快乐》以及莫里斯对大型购物中心内性别欲望的研究（Colomina 1992，pp. 168-181）。

伊里加雷推动了一种高度有效的欲望，这非常明确地来自性别主体，尤其体现在著作《性别差异的伦理学》、《海洋恋人》和《爱的方式》中。这种欲望是积极的、伦理的、不按等级划分的，并且不排斥智慧思想。在她的著作中，这是一种极其重要的观点，因为此观点代表着有形能量、机构或者蕴含在性别主体内力量的一种关键形式，并且其属性体现在许多其他后结构主义的哲学评论中，这些评论来自德勒兹与瓜塔里、福柯、德里达、利奥塔、西克苏和克里斯蒂娃。心理分析学家们把女性欲望定义为满意度或者连贯性的一种缺失，该定义出现在个体或者体系当中，或者哲学把性别主体定义为主体性的过度并且是不充分状态当中，与之相对比，这些后结构主义者对欲望所进行的每一项研究，都把欲望定义为**物质转变**中的一种积极行为，而不仅仅是一种理论观点。

此外，伊里加雷、西克苏和克里斯蒂娃也特别探索了，被称之为**快感**的性别欲望和快乐的女性主义形式，能够为性别主体产生不可缩减的力量。这些讨论在伊里加雷的著作，即《此性非一》（1985a）以及《性别差异的伦理学》（1993a）中，非常明显地，是作为主要内容存在。举例来说，在著作中，女人的欲望是多元的，并不局限在一个单一的原点上；"可以说女人性器官或多或少地存在于身体各处"（1985a，p. 28）。同样地，在文章《当我们的唇瓣一起讲话之时》（*When our lips speak together*）中，伊里加雷探讨了欲望空间，该欲望意指女性在讲话和亲吻的性别行为中所表现出来的

43

欲望：

> 由内至外，由外至内的通道，我们之间的通道，是无限的。没有终点。……我们满意吗？是的，如果那意味着我们从未结束过。如果你的快乐处于无休止地移动中，无休止地被移动中。总是处在运动中：这种开放性是永远不会耗尽也不会满足的（1985a, p. 210）。

除了这些探讨女性之间性别欲望的文章之外，伊里加雷在 20 世纪 80 年代中期后的著作，展示了对现代西方哲学中"欲望"概念的一种更为大方的描述，例如在关于笛卡尔的著作中，她对被遗忘的快乐路径所进行的研究。在文章《惊奇》（Wonder）中，她写道，弗洛伊德有关主体的性心理驱动力之理论，在真正意义上讲，遗失了笛卡尔于 19 世纪早期有关激情的理论，然而笛卡尔

44

> 构建了自我影响的理论，这和弗洛伊德的驱动力理论非常相近。他并没有根据性别对驱动力予以区分。相反，他认为惊奇处于激情的第一位。这就是弗洛伊德所遗忘的激情吗？一种激情，能够维持着物理学和形而上学之间、肉体感觉和接近某一物体的运动之间的一条路径，无论是经验主义的还是超越经验的。一种主要的激情并且是一条永久的交叉路口，处于地和天，或者和地狱之间，在那里，有可能在那些具有差异性的人们之间重新产生吸引力，尤其是性别上的差异（1993a, p. 80）。

此处，伊里加雷同意，笛卡尔的激情能力**体现在**主体之有形力量和众神领域之间的**一条路线**或者**路径**上，从而构成了欲望的一种超越经验或者形而上学的形式。尽管如此，她的总结是，笛卡尔只是允许先验神学和实际人类领域之间的关

联度为男性而存在，并不是为女性而存在。然而，后来，在《我对你的爱》和《爱抚的繁衍力》（1993a）中，她重新把哲学思想衔接到令人渴望和充满爱的亲密关联度之一系列研究当中。在这些文章里，她强调了亲密和实体空间关联度的重要性，该关联度并不是依赖于其他主体的一种完全"掌控"或者欲望，而是由主体之间绝对的差异性发展而来；例如，在她对勒维纳斯的"爱抚"概念之分析中，她通过研究爱由两个主体之间产生而识别出了一种不同的**路径**，写道：

> 爱抚的逐渐消失打开了一个未来，即此时此刻不同于对他人皮肤的一种接触……在那里，每一个主体失掉了其掌控能力和方法。路径从未被制造出来，也未被标记过，除非是在对一个更为遥远未来的召唤中，此未来由自身提供，并且从另一方面讲，存在于对自身的放弃中。这可能会引起减弱，因此感谢这一亲密性，能够越来越多地持续展现自我，打开并且再打开通往其他奥秘的通道（1993a，pp. 188-189）。

因此，纵观伊里加雷对欲望和爱的分析，该欲望和爱是由性别主体而产生的，**她描述了主体之间的一种空间距离、抵触或者对话的重要性，并不是描述了能够完全抹灭其他界限之欲望的一种观点。**此外，在《爱的方式》中，她对海德格尔的主体性理论进行了探讨，她把她对他观点的研究描述为"一场充满爱的邂逅，并且是能够在差异中对话的一场邂逅"（2002b，p. xvii）。因此，并不是专注于由纯粹非物质化欲望概念发展而来的脑力思考，伊里加雷表明，批判性、创新性的现实和思想进程，都产生于动态的社会相遇和空间，这种相遇和空间源自于流动的欲望或者爱的物质力量。

对建筑设计师来说，伊里加雷有关流动、欲望思考的思

45

想因此提供了刺激的并且充满活力的路径和通道。通过该路径和通道，可以探索动态空间的价值以发展创造性的建筑，并且能够发展建筑在当今世界以及未来的用途。建筑设计师、历史学家和理论家对欲望已经进行过研究，从而揭示了建筑空间是如何具有性别的，并且揭示了女性欲望是如何构建私人内部空间的；举例来说，瓦内萨·蔡斯探索了小说家伊迪丝·沃顿的具有装饰性和性别的家（Coleman *et al.* 1996，pp. 130–160），安妮·特劳特曼研究了闺房具有性欲特征的女性隐私（Heynen and Baydar 2005，pp. 296–314）。另外，在《渴望实践》中，编者的绪论突出强调了渴望积极反思具有创造性和政治性的建筑实践之重要性。在下文中，我提出了一些你们也可能愿意探索的问题，这些问题和本章中已经略述过的伊里加雷之理念以及建筑实例相关。

对话

设计师们如何创造**路径**或者**通道**，以使得现代建筑单体之间能够进行交流？

设计师们如何帮助在建筑物中工作的人们能够**调整或者**
46　**适应**他们所工作的物体/环境？

个人之间的关系如何影响建筑职业的发展方式，并如何构建我们使用家庭以及私人空间的方式？

建筑中**女性空间**的积极方面是什么？

家庭空间如何能够使得人们以**"流动的"**方式去生活？

建筑设计操作中积极的和消极的**欲望**是什么？

触摸和感知

伊里加雷的著作表明，主体及其环境之间的空间关联度也是通过感官知觉（尤其是触摸）构建起来的；例如，在主体之间的亲密接触或者对话当中。此外，伊里加雷有关**感官**的性别主体之理论，质疑了西方思想中放置于自治的、自我决定的以及可见的主体之上的重要性。相反，通过探索有关于智慧（即头脑）力量的哲学辩论和感觉（即身体），伊里加雷提出了关于触摸和知觉的一种新的积极的"经济"，这是通过共享性的亲密空间关联度和历史而产生的。再者，她赋予以感觉为基础的空间和社会互动模式以特权，而该特权也体现在近代建筑设计、历史、理论和批判主义中，从而促进了主体的感官和他的或者她的环境之间的互动。

对建筑师来说，伊里加雷有关感知主体和空间的理论为我们提供了一种非常有趣的讨论，通过此讨论，可以探索和建筑设计相关的以感觉为基础的互动的重要性。在这方面，她的观点体现在当代设计、历史和理论研究中，这些研究关于声音、触觉和嗅觉上对建筑材料以及空间的体验，而此建筑材料和空间能够增强建筑体验当中（例如对声学设计和治疗应用的体验）身临其境的特质；或者在"动态"材料（比如热感应塑料以及薄膜）和"自反式"建筑方面的发展，此种建筑能够根据使用者以及环境的需要而做出反应 [比如，卡斯·乌斯特惠斯（Kas Oosterhuis）和拉尔斯·斯伯布里克（Lars Spuybroek）的设计，还有尼尔·斯皮勒的理论]。另外，建筑历史和理论已经重新评估了以感觉为基础的互动，此互动是通过现代建筑当中的 [例如，见 Hill（ed.），The Subject is Matter，2001，或者 Pallasmaa's The Eyes of the Skin，2005] 触摸和声音引起的，并向把建筑局限在一种视觉体验的现代主义理论提出了挑战。相应地，建筑设计、历史、理论和批判主义处于多重 - 感官探索的一个扩展领域中，并且该探索能够推动活跃的主体或使用者的重要性。

对建筑师角色和使用者角色来说，空间敏感性是必不可少的，那么伊里加雷关于感知和性别主体重要性的理念也能够为辩论提供非常有价值的观点。再者，相比有些建筑师所持有的关于**无性别**感官空间的一些普遍观点，比如帕拉斯马，她提供了一种更为丰富的理解，即有关空间和主体是如何互相联系在一起的，因为其中每一个都是由对感觉的性别理解 发展而来。同样地，不同于那些建筑理论，即那些认为以建筑感官为基础的建筑体验完全依赖于互动性设计当中的新技术发展，伊里加雷认为，以感觉为基础的体验一直存在，只不过被以技术和视觉文化为主的西方传统所遗忘而已。因此，她的著作有助于向等级划分提出挑战，该等级划分截然分开了智慧、抽象以及知识的非物质形式，而与此相对的是，通过我们的感觉而构建起来的易变的并且是物质的形象、观点、空间或者关联度。因此，关于以感觉为基础的空间体验、隐私和主体间的关联度之理论，也能够使得建筑设计师、历史学家、理论家以及评论家去恢复被忽略的建筑之物质与社会的历史，并且去发展新的以感觉为基础的实践。

自我－触摸

在伊里加雷看来，对性别主体和性别空间的一种更为有意义的理解，如何与该理解恢复"触摸状态"（in touch），是她的研究中关于感觉的最重要的讨论之一。在她的早期著作中（比如，《窥镜》《此性非一》《性别差异的伦理学》和《伊里加雷的读者》），这一问题明确地指向了所研究的方式，即哲学和心理分析学通过遗忘性别主体或者女性而误导知识产生的方式。因此，伊里加雷关于"自我－触摸"（self-touch）

的论点是政治性的，因为这些论点推动了重新思考性别主体之历史和"本源"的需要（并且推动女性和男性去创造新的以感觉为基础的文化）。然而，对伊里加雷来说，一个自我－触摸状态（self-touching）的主体，主要和思想**活跃**的女性相关，在西方思想里，这些女性被赋予了女性感官力量中隐藏性和情感压抑的表述；举例来说，她在"没有轮廓线的容积"中写道：

> 这（自我－）触摸状态给予了女性一种形式，即在没有关闭对她的占用时可以无限地（indefinitely/infinitely）转变。形状的改变，在没有整体[全体]出现的地方永远能够存在，在整体系统性出现的地方永远不能坚持。转变，往往不可预料，因为它们在倾向于完成**终极目标**过程中起不到作用，意指一种形式接管了先前的转变并且指定了下一个：**一种**形式被扣留，也因此成为**另一种**形式（1991b，p. 59）。

此外，伊里加雷有关"自我－触摸"的形式涉及，女性在没有依赖于另一种存在或者观点之时，从身体上以及精神上和世界互动的方式。如果我们还记得第一章中她对性别差异的定义，例如，一个女人的"性"使得她去触摸——即激活——她自己的身体。另外，伊里加雷认为，这一自我－触摸的能力是精神行为活动或者欲望的一种本源。这一有关身体和精神"接触"的隐喻因此使得伊里加雷削弱了知识作为工具的形式，而该知识构建了身体的被动性，即身体只能通过应用理性的活跃思想去激活；举例来说，在《此性非一》中，她写道：

> 为了触摸他自己，男人需要一个工具：他的手、女人

50

的身体、语言……这一自我 - 爱抚（self-caressing）至少要求最低限度的行为活动。至于女人，不需要任何媒介，在通过任何方式区分主动性和被动性之前，她可以触摸到她自己身体内部以及身体表面。女人可以一直"触摸她自己"，再者，没有人能够阻止她这样做，因为她的生殖器官是由永远保持接触联系的两片唇瓣所形成。因此，在她自身范围内，她已经是二元的——但并不能分为两个整体——二者互相爱抚（1985a，p. 24）。

性别主体和她的触觉表现力量，制造了人们和空间之间原本存在的文化、社会以及物质互动。再一次，伊里加雷的双重思想是她关于触摸理论的核心，也是在**活跃的**身体和精神互动中所体现出来的核心，而此互动是在性别主体及其环境之间产生的。"触摸自身状态"（in touch with oneself）支持了伊里加雷由触摸而构建的论点，即欲望可以阻止性别主体利用对世界的知识体验去控制另外一个人的空间和社会体验。此外，伊里加雷推动了视觉上的触摸，是为了拒绝被拽回到西方话语权（理由）的历史中去，她认为，该话语权控制、消费或者占用了一种观点、另外一个人或者物体。相反，她认为，通过触摸产生的思想是一种新的**表现"风格"**，用来描述性别主体和其他人的互动，以及对材料和空间的理解。在题为"话语权的力量"的访谈中，她认为：

> 这一"风格"并没有赋予景象以特权：相反，它把每一种形式都带回到其来源上，这便是去除其他事项之后的触觉。它作为一个整体又回到了在其本源中的触摸自身状态，在本源中从未存在过构成，也从未存在过自身的构成。同时，性是它的"特有的"方面——一种从未定格于某种

形式或者其他自身可能具有的身份的独特（性）。它一直是流动的，没有忽略掉流体中那些很难理想化的特征：能够创造动态的两位无限相近邻居之间的那些拓印（1985a，p.79）。

此外，因为处于自我－触摸状态的主体一直和她自身的本源、历史、感觉、材料或者空间处于"触摸状态"，也因为她身体和精神的关联度是通过触觉联系传导的，而非通过视线捕捉，所以她反对单独主体的贪婪欲望。在伊里加雷看来，主体对不同社会、政治和历史本源的以感觉为基础的意识，能够为"他者"建立明确的尊重。亲密的联系是在主体（即主体对主体的关联度）之间发展而来的，该主体抵制互相分离的身体各自成为封闭的并且是固定观念的不同领域。触摸构建了主体之间关联度的重要性，例如，在作为亲密关联度的养育和关爱的行为活动中，该关联度往往产生在母亲和她们的孩子之间。再一次，为了质疑基于单一性和自主性的主体概念，伊里加雷发展了上述这些讨论。然而，明确的社会与物质关联度，和空间，被构建而成为身体和精神上的感官体验。

因此，对伊里加雷来说，一旦性别主体回归到和她的本源处于相"触摸状态"，那么性别主体的一种新理论和她所表现出的力量是非常有可能出现的。另外，**这些感官体、空间和知识是非常重要的，因为它们产生于多元的社会关联度和主体性**。首先，因为每一个主体早已由多元的身体和精神感觉所组成，其次，因为"触摸"（to touch）把主体放置于和她自身以及另外一个人的环境之**相关联**中，从而进一步地支撑了伊里加雷的信仰，即主体是截然不同的，虽然主体也**总是和他或者她所存在的世界相联系**。

在过去的 30 年中，建筑历史学家已经对一些女性进行了著述，她们自 18 世纪和 19 世纪以来从事于专业领域，使得建筑师和学生能够和她们的观点、设计以及建成建筑物处于"接触状态"，这些女性包括：多丽丝·科尔（Doris Cole）的从事建筑专业的女性历史《从帐篷到摩天大楼》（*From Tipi to Skyscraper*）（1973）、莎拉·鲍特尔对 20 世纪初期的建筑师朱莉娅·摩根（Julia Morgan）的研究（Torre 1977, pp. 79-87）、彼得·亚当斯（Peter Adams）有关艾琳·格雷（Eileen Grey）的著书（1987），还有比阿特丽斯·科洛米纳的有关位于法国罗克布吕纳卡普马丹（Roquebrune, Cap Martin）的格雷住宅 E. 1027 的论文（Hughes 1996, pp. 2-25）; 林恩·沃克对姐妹简·帕明特（Jane Parminter）和玛丽·帕明特（Mary Parminter）所进行的著述，姐妹俩设计了拉龙德（A-la-Ronde）[①]的一所住宅（1794），在 18 世纪时该住宅和一个小礼拜堂、学校以及养老院连在一起; 19 世纪那些作为建筑设计师的女性们，比如哈里特·马蒂诺（Harriet Martineau）、爱格妮思（Agnes）与罗达·加勒特（Rhoda Garrett）、埃塞尔（Ethel）和贝茜·查尔斯（Bessie Charles）与伊丽莎白·斯科特（Elisabeth Scott）; 以及在 20 世纪对建筑学科作出越来越多贡献的女性们（Rendell *et al.* 2000, pp. 244-257）。除此之外，爱丽丝·弗里德曼著述了有关弗兰克·劳埃德·赖特的创造性委托项目，该项目由业主艾琳·巴恩斯德尔（Aline Barnsdall）和爱丽丝·米勒德（Alice Millarel）委托，她们为赖特能够发展出创新性的加利福尼亚住宅作出了重要贡献（1998），弗洛拉·塞缪尔（Flora Samuel）认为，勒·柯布西耶和夏洛特·贝里安（Charlotte Perriand）、艾琳·格雷以及简·德鲁（Jane Drew）的合作

---

① 该住宅位于英国德文郡，内部展示了简·帕明特和玛丽·帕明特在 18 世纪末期从欧洲旅游归来所带回的许多物品（A La Ronde Overview, 2015）。——译者注

需要被重新评估（2004）。

皮肤、身体共同参与爱抚

伊里加雷对触摸的兴趣，也使得她能够为了性别主体和其他人之间的物质和身体互动性而去探索触摸的重要性。不同于对和视觉联系在一起的生产制造之智慧和投射力量的强调，触摸力量支持了伊里加雷对社会关联度和空间的分析，此社会关联度和空间由动态材料属性发展而来。因此，对世界、空间和建筑的感官体验是由触觉以及非语言关联度所产生出来的；举例来说，皮肤对皮肤和身体对身体关联的亲密切身体验，比如分娩和性关系。从这方面讲，空间的流动性分化，以及空间连续物质转变的潜在性，对能够优化积极的身体对身体关联度之触觉体验的建筑设计、历史、理论和批判主义来说，也都是非常有价值的观点。

在文章《他者的爱》（*Love of the other*）里，伊里加雷指出了非性别物质空间的具有缺陷性的"局部性别特征"。在这些体系和建筑中，伊里加雷写道，组织的"理性"模式被予以优化，并且"身体被切割成不同的部分，就像分割机械身体一样。能量等同于工作能量。这无疑是我们时代的重要组成部分……但是，对其所有的显著进步来说，它忘记或者回避了肉体"（1993a，p. 143）。她继续她对机械、智能躯体的批判，从而表明该躯体依赖于生产制造的技术手段，反过来，体现在它所制造的空间中；"男人已经为他自己建造了一个世界，而这个世界在很大程度上讲并不适宜栖居。这是他印象中的一个世界吗？是一个并不适宜栖居的功能性躯体？就像技术世界及其所有的科学。或者像科学世界及其所有的技术。"所以，对所有的技术有效性和进步来说，伊里加雷认为，现代主义（"笛卡尔信徒"，亦即笛卡尔的追随者）躯体的构建反映了机械和工具关联度。在文章中，比如，《物理学IV》（*Physics IV*）（1993a）的《场所、间隔：对亚里士多德的一种解读》（*Place, interval: a reading of Aristotle*），《海洋恋人：弗里德里希·尼采》（1991a）和《二人行》，相比之下，她提出了关于性别主体的一种以感觉为基础的定义，而性别主体并不是机械的或者工具主义者。

正如以前一样，这些文章耍两面派，一面揭示非性别观点、主体和空间，另一面认为性别空间的一种不同经济及其关联是同时存在的。举例来说，在文章《场所、间隔》中，通过研究亚里士多德关于女性作为"场所"或者时间的构建，她证明，亚里士多德关于女性、场所和时间之间的关系是依赖于性别主体触摸力量的一种不充分观点。然而，在分娩的"场所"中，该讨论也使得她能够证明有关女性对世界和亲密物质空间的明确体验之本源。因此，在她对亚里士多德的局限性所进行的批判中，即亚里士多德在胎儿与母亲之间设置了物质以及触觉界限，她也揭示了交互主体性的一种不同的**渗透性**概念，此交互主体性存在于母亲和孩子之间的身体以及心理缠绕中：

54

> 这可以被理解为**身体**及其皮肤之间的关联吗？和胎儿及其第一个包裹式薄膜与脐带之间的关联处于不同的方式。即使胎儿及其所在身体保持连续状态，即使它从一个明确的连续性传递到另外一个，通过流动介质：血液、母乳……进行传递（1993a，p. 46）。

然而，我们也应该谨慎地注意到，伊里加雷关于孕育这一尤为具有渗透性的空间之断言，并不能专门地把性别主体限制到社会关联的这一体验上来；也就是说，基于性别主体总是母亲，她并不能定义所有的触摸或者所有的主体性。相反，她通过**所有**被发展的主体（除非到了怀孕对男性来说是一种选择的时候，或者可以完全在母亲身体之外人工孕育的时候，否则这仍然是所有男人和女人一直在共享的一种体验）揭示了一种明确的性别来源。另外，在文章《此性非一》《没有轮廓线的容积》，和收录在《海洋恋人：弗里德里希·尼采》中的文章《戴着面纱的唇瓣》（*Veiled lips*）当中，她表明，内部和外部空间之间的绝对分歧已被移除，而该分歧存在于性别主体表现以及她身体的内部与外部相近性之中：

> 内部和外部总是同时移动……至少是根据四个维度：从左到右、从右到左、从以前到以后、从以后到以前、从身体内部到外部的门槛。……因此是不停止地对她的"世界"进行拓展，此世界并不存在于任何广场或者所划定的圆圈内或者……并且不存在局限或者边界（1991a，p. 115）。

除此之外，因为触摸的知觉并不局限为一个单一的感觉器官或者行为，而且具有局限性的、限定性的空间制造应该受到抵制，触觉或者触觉空间在这一交流中得以高度发展。和空间的定义截然不同，此空间把其定义局限在边界和容积、内部和外部（在下一章中，我将会更加具体地研究伊里加雷对拓扑空间的反思）的量化智能表现上。

再者，在《性别差异的伦理学》的最后两篇文章中，伊里加雷涉及了两位哲学家的研究，这两位哲学家发展了触摸理论——梅洛·庞蒂早期有关"触觉"的著作以及勒维纳斯有关"爱抚"的理论。在伊里加雷的第一篇文章《看不见的肉体》（*Invisible of the flesh*）中，她探索了所遗漏掉的触摸的潜在可能性，这在梅洛·庞蒂的观点中是有关主体和物体关联度的内容。梅洛·庞蒂试图去发展纯粹超出视觉范围的主体和物体之间以感觉为基础的互动性理论，伊里加雷对此进行了批判。然而，在这种情况下，伊里加雷也为表现的触觉模式（这是梅洛·庞蒂所没有意识到的）揭开了其潜在可能性，而该潜在可能性也是性别主体之触觉力量的证据：

> 此处，梅洛-庞蒂使得肉体归属于物的领域，并且似乎也归属于它们所存在的场所、它们出生前所在的地方、它们具有滋养性的土壤……无限地，他在一种改变过程中，一种波动中，调换了预知和可见、触摸和可触摸、"主体"和"物"，该改变和波动发生在这样的背景下，即能够使得它们从一边或者从另外"一边"通过的通道成为可能的背景。一种传统的肉体氛围、一种逗留，很难不再次把该氛围和逗留比作子宫内的环境或者比作仍然有些许不同的胎儿期之共生（1993a，p. 159）。

在《性别差异的伦理学》一书里的最后一篇文章《爱抚的繁衍力》（The fecundity of the caress）中，伊里加雷更为积极地对一位触摸理论的哲学家进行了探讨。在对勒维纳斯的爱之哲学的研究中，她认为，这一有关爱抚的理论在两个人之间制造了一种尤为具有触摸感觉的互动性形式。伊里加雷称赞了勒维纳斯对伦理需要的强调，此需要存在于另外一个人身体内部的他者性（alterity）（即绝对的、未知的差异）中，这种他者性也反映了勒维纳斯的犹太身份特征和学识，以及他对西方思想的批判。然而，伊里加雷的诠释仍然是批判性的，究其原因，尽管他肯定了勒维纳斯对爱和伦理关联度的研究，但是她认为他并未实现它们全部的潜在可能性，因为性别主体在过程中被阻止去完全表现她自己。她总结道，勒维纳斯的爱抚对男性来说，既是神圣的，也是物质的，但是对女性来说却仅仅是物质的，女性在从亲密的人类关系到爱的神圣

56

潜能这一进程中被排除在外。因此，再一次地，性别主体生产制造性的触摸力量需要被予以考虑，但最终，勒维纳斯把它们限制在一种物质性和过渡性的冲突中（1993a，p. 186）。

在后期著作《二人行》（2001b）中，伊里加雷再次回归到她对梅洛·庞蒂和勒维纳斯的分析上，连同对萨特有关主体理论的研究。此处，她对每一位哲学家生成"性别躯体"（sexuate body）的尝试都进行了研究。然而，在每一个案例中，她认为，已发展出来的欲望、认知或者爱，对于一个真正的性别主体来说都是不充分的。因此，伊里加雷的结论是，哲学包含对亲密、充满欲望的身体的讨论，但是它对认知、感觉和爱的概念依赖于非性别观点的中和作用。她对梅洛·庞蒂关于认知的概念进行了批判，因为梅洛·庞蒂仅仅发展了模糊、"不确定性"和被动性感觉以及写作，举例来说："梅洛·庞蒂的著作证明，我们缺少一种认知文化，因为这一缺陷，我们回归到了简单感觉的领域。（2001b，p. 23）"或者，在她对勒维纳斯的批判中，勒维纳斯关于交互主体性的理论识别出了女性主体，但把女性简化为男性主体的含糊其辞。尽管如此，伊里加雷还是从这些讨论中获取了她自己有关性别爱抚的理论，即为交互主体建立明确的、不同的历史和空间；例如，她通过"爱抚"的隐喻构建了社会和个人关联的性别模式。这是一种"手势－语汇"，她写道：

> [这]和陷入圈套、拥有或者提交他者的自由是没有任何关系的，而此人使得我对他的身体着迷。相反，它成为一种知觉的产品、一种有意图的赠礼、一种语汇的赠礼，这些专注于他者的具体存在，专注于他的自然特性以及历史特性（2001b，p. 26）。

因此，此处，凭借包含在女性性别主体世界中的男性性

别主体，可以看到伊里加雷语言上的一个显著变化。伊里加
雷转变了她对碰撞的语调，而不是排斥或者反对男性主体，
因此男性主体性在关联度中也得以改装。接下来，我将会探
讨这一转变，从消极到积极的亲密隐私以及关联度，或者交
流的对话和空间，这些都涉及他者的历史和社会特性。然而，
首先，那些关于建筑和空间的实践，也对内部和外部之间的渗
透性、交互主体边界以及相连关系的相关主题进行了探讨的
实例，包括：菲奥纳·雷比（Fiong Raby）和托尼·邓恩（Tony
Dunne）设计的项目，他们探讨了声波设计和"裂缝"城市
项目，包括一种"建筑界面的触摸音调"，此界面存在于建筑
物中，使用者通过触摸释放声学体验（即 Dunne's *Hertzian
Tales*，2005，and Hill，2001，pp. 91-106）；建筑理论家
凯斯·肖恩菲尔德（Kath Shonfield）探索了现代主义空间是
如何被物质所污染的（Hill 2001，pp. 29-44）。在每一个案
例中，建筑边界通过性别主体和身体得以构建而成为具有渗
透性的门槛。

和他者的亲密对话以及碰撞

在最后一章中，我将会探索伊里加雷对语言的使用，以
及她对交流与表现之语言学模式的分析，以能够为性别主体
和性别空间的身体与精神力量展示文化以及政治上的重要性。
此处我想探讨，她对交流的触觉私密模式的兴趣，如何能够
传达对建筑主体的理解，如何能够传达对建筑空间关联度形
成的理解，因为她推动了应答式对话以及社会性碰撞的生产
制造空间。

这一讨论也体现了伊里加雷著作上的转变，从 20 世纪
80 年代中期之后，转向更为积极的参与和调研的理念。对其

他思想家以及他们对主体性和碰撞空间的定义来说，这些后期作品不仅不再那么生硬粗暴，而且伊里加雷也为男性和女性的互动性（并不主要是哲学论点）发展了更为具体的社会关系之文化定义，尤其在《思考差异》、《民主始于二者之间》、《我对你的爱》、《二人行》以及《爱的方式》中。尽管如此，这些更为明确的文化信息并没有缺少任何导向性，而是从它们和西方传统思想中女性被动的价值相关的角度，倾向于释放亲密和对话的理念。在每一个案例中，**伊里加雷推动性别主体和触觉互动性，是为了从根本上重新配置专业或者体制交流以及对话中占主导性的"建筑"**。相比之下，她认为，对话中非性别的专业形式往往会强迫不同的主体去接受一种单一的成果，并且基于排他性对立的按等级划分（比如，一种令人遗憾却让人倍感熟悉的实例可能是男雇主和女员工之间的相遇点，并且在此之间，女人总是被预期地认为她们和男人的观点是不相同的）去定义不同的参与者。另外，伊里加雷注意到，哲学对话的权威形式通常是根据互动（例如，参考文献 1985b，pp. 256–267 中"对话"部分）中所达成一致的需要而被定义。因此，伊里加雷有关亲密性别对话的理论和她对苏格拉底（即柏拉图）对话的诠释是截然不同的。

在《讲话永不中立》中，伊里加雷发展了关于社会渗透性的一种不同寻常的积极画面，该渗透性发生在心理分析咨询（并且反映了她作为一名心理分析执业者的亲身体验）的空间中。在文章《转移的局限性》(*The limits of transference*) 中，她证明了语言和社会关系是如何动态地渗透到分析家与客户之间的。心理分析咨询因此被设想为一种空间，在此空间内，性别主体与分析息息相关，是一种动态的构建形为。因此，在她的早期著作中，对心理分析并没有非常批判性的观察，伊里加雷认为，在这种程度上，这是一种积极的对话，因为心理分析碰撞的动态结构在客户感觉和分析家诠释之间产生了一种渗透性的边界。她写道：

> 转移可以落实到那些可以最大程度感知他者、那些可以回归他者，或者在他者中最接近他的或者她的来源，也可以落实到一种几乎从未被视作双方共有的姿势。……转移不但可以成为皮肤的局限性，而且可以是黏液的局限性，既是墙壁的局限性，也是最为非凡的亲密体验：沟通交流（communication）或者精神交流（communion），即在感受他或者她的欲望非常奇妙之时尊重他者的生命。不可能触摸底线吗？在很靠近诠释边界之处，如果超出边界之外，发生冲突的危险最为难以平息（2002a，p. 245）。

59

　　除此之外，她认为，主体对亲密和触摸的理解因此支撑她具有参与这个世界的能力，并且使得他或者她的边界得以保持得完整无缺。伊里加雷关于性别对话的理论因此意味着，任何碰撞必须总是考虑他者表现的力量，该力量并不能开始去消费或者主导另外一个人的主体性。再者，伊里加雷有关性别之间"相互性"的理论也为成为性别主体的男性识别出了他们的需要。这代表着她这些后期著作的一个明显转变，在这些著作中，以感觉为基础的互动性的可能性也适用于男性，并不只是适用于女性，或者不仅仅适用于女性之间的关系。相反地，对所有主体来说，以感觉为基础思想的价值已被表现出来，因此性别思想和感觉空间，对"女性对女性"交流的范围来说，并没有被边缘化，或者被完全遗漏掉。在建筑职业和建筑教育的背景下，例如，在对话范围之内赋予不同的主体性以特权，传达了雇主和雇员，或者导师和学生之间的关系，这是通过阻止碰撞成为教学授业的空间而实现的，在该空间内，雇员或者学生往往被强迫去赞同雇主或者导师。

在《我对你的爱》中，伊里加雷通过快乐或者"幸福"的理论发展了对尊重人的触摸之讨论，她认为，快乐或者幸福，从伦理上讲，并且通过感觉上、物质上以及政治上与心理上所能够建立起来的关联度，使得不同的性别居住在一起。特别值得一提的是，她研究了语言通过合乎语法规则的"间接"形式，从而使主体之间的伦理对话成为可能的方式，例如短语"对他者"(to the Other)。因此，伊里加雷认为，开放性和偶然性产生于关联度，即主体之间，甚至是那些最为紧密地联系在一起的主体之间：

> 这可以是我和你所说的爱——"对你"——这种爱并不是你有意识想要的，并且逃脱了你的意图：一种确定的手法主义、一种特殊的表现、你身体的一个特点、你的感觉能力。我们势必能看见，你们的意图因此能够和我的意图并不矛盾，但也逃脱了你自己的意图。基于此，如果我们能够建立一个**我们**……。在此基础上**对你**(to you)——与其说是假定该差别所具有的一种意图，还不如说是你的一种特性——我们能够构建一种暂时性吗？(1996，p. 110)。

接下来，所共享的关于幸福的语言是如何反映主体之间触摸的必要性，她在《我对你的爱》最后一篇文章中对此进行了强调，不是作为非语言交流的一种更换，而是作为性别主体完全表现他或者她自己力量的核心，并且倾向于制造积极、共享的生活空间：

> 一个女人和一个男人之间、女人和男人之间的演说是必要的，但演说并不能代替人与人之间的触摸。谈话不能辨别男人和女人之间的不同，谈话把男人和女人联系到一

起、统一到一起，并且能够产生对话。因此，对人们来说，在占有中、在对真相的详细阐述中……在制造一场抽象并且是所谓中性谈话中，触摸是非常重要的，触摸使触觉不会变得疏离。演说必须在同一时间，和语汇以及肉体、语言以及感觉能力共存（1996，pp. 125-126）。

因此，对伊里加雷的思想来说，在语言交流形式中恢复一种触摸的感觉能力也是至关重要的，而且这些摘录能够指引语言表现如何去反映他们内在的性别本源。对伊里加雷来说，语言是一种文化结构，该结构总是由我们的感觉体验，尤其由我们和触摸的关联度体现出来。

伊里加雷和他者的以感觉为基础的对话，在关于建筑设计、历史、理论和实践的近代研究中也能够反映出来，这些研究力求重新配置有关以感觉为基础的性别和空间关系的历史和理论。"协作小组"（Collaborative Group）已经开发了一些项目，这些共同庆祝和他者之间触摸状态的项目包括，Muf 建筑师事务所①的城市设计和社区项目，还有多依娜·佩特雷斯库的阿特里尔建筑工作室（Atelier d'Architecture Autogérée②）和塞内加尔女性所做的研究，这些项目旨在使个体和社区能够在互相接触以及对话状态下积极地共有。因此，通过和性别主体，并和动态多重性别文化中他的或者她的感觉保持"触摸状态"，社会的、政治的和空间上"主体对主体"的建筑可以通过横跨实践、邂逅空间和互动模式的一种多元化而被建造出来。 61

---

① 见 Muf architecture art，available at http://www.muf.co.uk/southwrk. htm，accessed at 2015/12/18。——译者注

② 见 城 市 策 略，available at http://www.urbantactics.org/，accessed at 2015/12/18。——译者注

对话

亲密空间如何使生产制造性的社会关联度成为可能?

对建筑师来说,为什么对空间的非视觉认知是重要的?

为使得建筑空间有益于使用者,**多重感官方法**具有什么价值?

以触摸为基础的认知能够为当代设计提供什么?

在设计当中,对打造城市空间的场所构建来说,什么是必须要做的?

为女性和(或者)**触觉互动性**进行空间设计,比如,医院与产房,什么是重要的考虑因素?

对角线、水平线和不对称

在本章中，我会探索伊里加雷关于方式的著作，即科学思想定义物质世界和性别主体的方式。另外，我认为，她对以数学为基础和物理学作为基础学科的质疑引发了关于科学作用的重要问题，这也和建筑设计以及建筑诠释息息相关。

科学思想本质上是和能够构建物质与精神体验的历史、理论以及实践联系在一起的。伊里加雷通过她的著作，尤其是在她关于哲学和心理分析的文章中，质疑了这些传统。伊里加雷认为科学思想是有很大问题的，因为它把性别主体和性别思想的发生排除在外。通常来讲，这些文章认为，科学知识对真正构建体验的现实物质和社会关联"视而不见"。她对

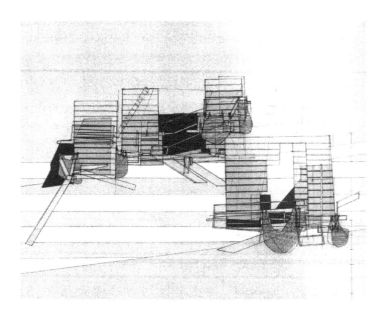

物理学和数学有关无可争辩的普遍真理以及现实情况的观点持有高度批判的态度，例如，认为这些观点是"具有象征意义"思想的例子，而不是真正意义上的思考或者性别思想。除了这些对现代科学方法、程序和目标的批判，伊里加雷也发展了另外一套关于现实情况的定性、动态、流动以及性别的概念。考虑到科学思想具有性别，并且是依据具体情况而定的，科学思想不能被缩减为单一的、绝对的真相，那么这些讨论因此可以为建筑师探索定性与性别建筑提供有趣的方法。

建筑绘图、模型制作以及建筑思想依赖于艺术和技术技能以及理念。在技术层面上，所有建筑物作为科学原则和程序的实际产品必须正确地起到作用。建筑物是科学、技术技能和知识的真凭实据，因为建筑物的结构组织以及功能是作为可以计量的形式、空间与材料被予以理解的，而这些形式、空间与材料是通过线性应用和客观思想应用产生的。因此，数学和科学思想对建筑设计师来说是不可否认的重要技能。此外，建筑设计师必须学习使用专业工具、规则、方法和技术，从而能够精确地构建满足物理学法则的测量以及空间设计。然而，建造环境的设计和栖居也要求其他类别的思想能够参与其中。正如前两章已经展示的，定性的、以感觉为基础的美学原则对建筑及其使用的文化和社会的理解也是至关重要的。因此，科学思想不是在科学和技术进程范围之内专门塑造对建筑的表述，科学思想应该通过所构建和体验的建筑物，为建筑师提供一种特殊类型的知识。

具有象征意义的思想

在文章《性别差异的伦理学》中，伊里加雷对世界上的科学认知给出了一种最为清楚明白的批判。在对个体男性和女性之间生产制造性伦理关联度的探索中，她揭示了，基于西方思潮的根本立场的法则是以何种方式阻止性别材料、主体和空间表现的。伊里加雷认为，科学思想的不同分支（比如，数学、物理学、生物学），以及建筑的传统表述，是这些原则中尤为存在问题的示例，因为它们关于客观真相和一般现实情况的观点抵消了性别主体的不同体验。她写道：

> 假定**科学**是最后的数字之一，如果不是最后的数字，可以被用来表述绝对的知识，它——从伦理上讲——是必要的，即我们要求科学重新考虑构成其科学理论和实践的所谓普遍主体的非中立性（1993a，p. 121）。

通过对该讨论的发展，她证实，科学思想不仅认为物是普遍真理，而且认为主体可以被缩减为这些理性与直觉的普遍法则中的一种单一的、同质的反映。由于这种和非性别主体连同在一起的中立（即非性别的）科学的主导性体系，她认为，实体和物质世界是根据下面规则而构建起来的（1993a，pp. 121-122）：

·主体和世界是彼此相似的反映；

·思潮的确定性模型可以应用于世界；

·主体和物是彼此分离的；

·感觉被从物中移除（比如，在享有特权的视角下，其他感觉认知被予以遗忘）；

·知识的工具形式被予以推动（即通过强调科学探究的技术和工具）；

·普遍概念（即多元物／事件之间的同质协议）是通过方法被证实的，该方法优先考虑科学进程，凌驾于其他类型的关联度。

紧跟着这一针对现代科学思想之潜在原则的攻击，伊里加雷评价了科学之不同分支的价值——物理学、生物学、数学、逻辑学、语言学、经济学以及心理分析学——从而揭示了每一种方法的**局限性**。例如，她认为，数学集合理论关注开放的与闭合的空间，而不是流动的、"半开放性的"或者依情况而定的空间，并且心理分析是通过"热力学"科学理论而具有了坚实的基础，热力学却和定义女性心理 - 身体欲望体验的能量"损耗"并不匹配（1993a，pp. 123-124）。

后期，在文章《在科学中，主体有性别吗？》（*In science, is the subject sexed?*）（1985a）中，伊里加雷又回归到该讨论，去考虑在科学思想允许或不允许哪种具有象征意义和社会性的关联度。例如，她注意到，一种行为活动、物或者主体的具有象征意义的表现，即存在于一个字母或者符号（比如x，y，z，=，—，%）的一种"中立"的象征形式，或者一种技术语言的发展，该语言把不在其界限内部的个体和社区排除在外：

> 探索必须用一种正式语言去表现，一种可以让人理解的语言。这就意味着：用象征或者字母去表现自身，用合适的名字替代，这些仅仅涉及内部理论的物，因此从未涉及任何真正的人或者真正的物。对那些没有参与其中的人来说，科学家进入了一个令人难以理解的小说世界（1985a，p. 251）。

另外，她质疑任何**真正的**差异是否从这些方法中产生出来，因为自然科学仅仅关注可以计量的以及机械的关联，同时它否定了定性的差异，该差异是在自身及其主体之间的真正依情况而定的、渗透性与流动的社会和文化交流中产生的（1985a，p. 252）。因此，对伊里加雷来说，具有象征意义的思想是批判主义的一种关键概念，是以思维体系为特征的，此体系中象征（比如语汇、符号、人，尤其是女人或者物）被用来代表高度复杂的条件或者现实状态。

举例来说，在建筑方面，思想的象征形式在设计过程中也是可见的。在过程中，绘制建筑图和平面图的正规技术和方法（比如线条或者几何图形）被用来表达建筑物的复杂物质以及物理特性。此外，建筑师与客户之间，以及建筑执业与学术研究之间的冲突，部分归因于每个组群用于诠释建筑的语言有所不同。

普遍建筑

建筑和现代科学方面的象征思想也反映了知识的现代化以及古典概念，该知识能够推动普遍真理与关联度的价值。现代象征思想源自于古希腊学科，比如算术和几何学，它们对西方文化中自然和物质世界的构建来说是本质存在的。再者，伊里加雷表明，科学思想往往模仿神学观点，尤其是当它被用来证实上帝以及神圣理性的概念时；例如，当科学家认为客观知识是存在的，因为它反映了神圣知识的神学法则，比如当今那些提到自然世界的物理法则之美和上帝的创造性力量之间存在一种"和谐"的物理学家。

伊里加雷对现代科学思想的批判也使得她参与到讨论古典希腊科学的传承上；例如理想化标准中存在的颇成问题的传承或者柏拉图洞穴寓言中的度量。标题为"标准的自身（他自己）"（The standard itself/himself）的章节概述了该问题；"但是对理性度量和理性价值来说，参照不得不被制作成标准。"（1985b，p. 304）根据伊里加雷所言，现代科学思维传承了理想度量和价值这一传统，该度量和价值把中立的男性主体和非性别观点、空间以及物联系起来，同时也把性别主体的作用排除在外并降低了其价值。因此，在这些体系中，女人被看作没有理性价值或者标准，因为她被缩减为测量中一个单独的"标准"单位（1985b，p. 236）。

此外，**伊里加雷认为，西方科学对均等的迷恋是和体系"建筑"相关联的**。举例来说，她描写到，个人和社会关联度是如何被转换成象征与经济价值的，此价值作为自身的终端支持了技术专家的产品成果。在文章《相同的（他者的）爱》（*Love of same/other*）（1993）中，伊里加雷表明，这种象征性思维对女性、写作来说是多么的贫瘠；"相同的爱被改变、变形为世界或者世间的一种建筑，成为象征与商业交流的一种体系。它变成工具与产品的制造以及创造。"（1993a，p. 100）另外，相似产品或者空间的这种体系生产大大地把女性限制到"定量评估"与"喋喋不休计算"的地位上，此评估和计算使得欲望与爱的真正流动属性处于瘫痪状态（1993a，p. 103）。因此，对伊里加雷来说，象征思想想当然地认为其本身具有象征意义的力量与技术，能够代表**任何**事件或者空间、方法、主体或者物。机械制造理念转化到世界物质建设上是非常有价值的，基于此，伊里加雷认为，科学思想有关"真理"的观点事实上忽略了它所依赖的体系以及程序之自我参照的属性。

除此之外，当伊里加雷研究笛卡尔和斯宾诺莎哲学方法中的这些观点之传承的同时，她开始证明他们的研究是原始的，但也受限于神圣理性与非性别主体；举例来说，她展示了笛卡尔对**线性**因果之物理法则的依赖是如何增强两个互不关联身体之间的关联度的。她认为，笛卡尔的法则是源自于他构建上帝和人类之间的一种和谐（即同质）关联度的需要，因此，人类的科学事业事实上是对上帝创造力量的模仿：

每一个身体必须尽力移动，而不去干扰其他人的移

动或者宁静，也不去影响他们来回移动的动力。……理想的自然取向会引导他们通向一条直线，接二连三地，互相推动并且因此传递给彼此以神圣冲动，此冲动是他们原始的动力，那么人们应该这么认为吗？（1985b, p. 188）

这些早期的观点因此对科学思想的"自然"能力持怀疑态度，此能力是指能够构建性别主体和空间之间关联度的"真正"表现。然而，也应该谨慎对待伊里加雷对科学思想的批判，尤其是因为她把科学历史诠释为一种独有的普遍做法。此外，她也因自己著作的象征意义和技术形式而受到了批判。然而，她对科学和传统建筑技术的批判也是非常有价值的，能够展示真正自然、才智和文化局限性是如何被置于性别主体之上的，并且，她要求现代科学应该考虑到性别主体的需要。然而，相比之下，还有其他一些有关科学方法的当代哲学家以及评论家，对他们来说，进步中最具有生产力的方式是重新找回失去的或者忽略定性科学思想中的历史实例 [例如，布鲁诺·拉图尔（Bruno Latour）的《自然政治学》（*Politics of Nature*）（1994），伊莎贝尔·斯滕格（Isabelle Stenger）的《现代科学发明》（*The Invention of Modern Science*）（2000）]。

在建筑师看来，伊里加雷的讨论对思考定性的性别建筑来说是最有帮助的，此类性别建筑并不仅仅由具有象征意义的思维或者科学方法决定。在这些讨论中，建筑技术和工具，比如数字软件和硬件、结构和数学程序，并不能实现建筑实践、设计以及体验的**所有**潜在可能性。相反地，伊里加雷的著作表明，建筑师需要意识到现实表现中文化、社会以及政治局限性，此现实存在于建筑机械、技术和科学方法所产生的普遍要求当中。

68

对角线、不对称、轴线和水平线

空间和时间的概念是西方科学思维发展的核心。它们也是建筑制造中的内在原理，因为它们被用来构建其自然、物质以及时间组织。除此之外，空间和时间的科学概念已经被用来告知对非性别主体的组成方式的理解，以及他或者她参与世界的方式；举例来说，笛卡尔关于空间和时间的理论，把主体定义为凌驾于时间与空间物质实体之上的精神认知上的一种二元分裂体系。

伊里加雷对空间和时间科学概念的探索，在她对几何学和算术的研究中体现得最为强烈。在这些数学分支中，空间通常是由几何学表现的（比如点、线、面、图形以及物），时间是由算术表现的（比如数字、结果、矢量或者位移）。另外，这些空间和时间的数学构建，同时它们在物理形式上的应用，也是和建筑工程、设计和技术制造联系在一起的。

伊里加雷在她对柏拉图的《子宫》之研究中，对空间的文化和科学价值进行了集中分析。此处，她通过使用毕达哥拉斯的对角线 ① 理论，发展了对希腊思想中柏拉图几何学的一种评论，从而证实性别主体被占主导地位的柏拉图空间理论予以忽略。对伊里加雷来说，毕达哥拉斯的科学定理提供了世界上的另外一种理论，因该理论并没有把众神和经验主义世界彼此分离开来（即非物质观念和自然事物持续处于**分离状态**）。相反，毕达哥拉斯的几何学通过无理数和图形（比如构成毕达哥拉斯对角线、直角三角形斜边或者**圆周率**）庆祝了复杂的关联度。因此，她利用直角三角形斜边证明，无理性能够反映性别主体和性别空间的无理性。在标题为"对角

① 意指毕达哥拉斯定理（勾股定理）中直角三角形斜边平方等于两直角边平方之和。——译者注

69

线有助于调和一个冗余的整体"（A diagonal helps to temper the excessiveness of the One）的文章中，她主张，对角线表达了女性和通道在无限无理性上的一种重要几何学类比，写道：

> 由于对全部数字不作估计是可能的，**对角线**将会为一种**横膈膜**的非完整性提供冗余。……几何构建消除了对没有价值可分配之**根源**的依赖——在它的开方或者平方——因为它缺失一种有限的共有度量（1985b，p.358）。

伊里加雷表明，柏拉图的故事实际上包含了不对称和无限这一"被遗忘的"毕达哥拉斯之图形。因此，对角线是一种非常重要的几何图形，因为它揭示了空间思维核心的一种**不可约简的无限性**，削弱了空间和建筑之古典记述中对有限和谐的追求。相反，毕达哥拉斯对角线并不能完全契合到有理数和体系的一种系统中去。对伊里加雷来说，对角线和女性因此组成了积极的无理性表现。

再者，对角线表现了科学几何的规范世界与空间秩序**之间**的另外一种**线性**思想，这和性别主体的无理性领域是相对的。伊里加雷因此使用了对角线作为解构的一种工具，这是通过质疑柏拉图存在于理念（比如，数学）的非物质世界和性别主体（比如,感觉）的物质世界之间的"分裂"而实现的。相反地，她认为，对角线是一种门槛，空间和时间能够通过此门槛被构建起来（即对角线包含空间和时间的多重属性）。因此，它破坏了把时间和空间看作分离并且统一的科学理论。所以，在其"解构"作用中，对角线成为"性别"科学思想的一种分裂性图形（1985b，p. 360）。此外，它处于对称和不对称，有序和无序的边缘，扰乱了对科学思维中理性空间和时间的清晰的几何研究；举例来说，伊里加雷表明，洞穴和女性的无理性以及不可度量的品质之间的紧密联系使得对角线超越了几何体系内涵：

> 通过移交任何事物，通过反转，并且通过围绕对称轴旋转，定位功能得以发挥作用。从高到低，从低到高，从后往前，从前到后……在所有情况下，从洞穴中事物的前面或者后面看，都处于后面。**对称在此处起到决定性的作用——作为投影、反射、反转、倒转——一旦你踏入洞穴，你将会永远失去你已经拥有的方位**（1985b, pp. 244-245）。

伊里加雷的论点揭示了几何学的另外一种理论，相比之下，主张希腊几何学的理性几何学表述是专门与对称以及界限相关的。对建筑来说，那些已经对有关几何思想所蕴含的更为不确定形式进行过探索的建筑师们包括：詹尼弗·布卢默对黄金分割点的研究以及凯瑟琳·英格拉哈姆有关建筑绘图、毕达哥拉斯的几何学和女性的文章（Colomina 1992, pp. 163-184 and pp. 255-272）；罗宾·埃文斯在《投射之范》(The Projective Cast)（1995）中对几何学的研究；或者我的研究中所体现的几何学与"充满物质的空间"（plenums）（Lloyd Thomas 2007pp. 55-66）。

71 "哲学家之家"的特性、测绘与分裂

测绘与度量的建筑方法也演示了，在住房和家庭空间制造中，空间的科学概念是如何被使用的。通常来讲，这些方法可以被当作合乎常理的解决方法，可以解决关于规划和家庭实体组织的问题，尤其是城市设计中的问题。在伊里加雷看来，这些有秩序的、分离的并且是理性的空间，体现了同样具有局限性的空间科学概念，因此，忽略了性别主体。在

文章《梳妆镜的另一边》（*The looking glass, from the other side*）中，举例来说，她复述了《爱丽丝梦游仙境》（*Alice in Wonderland*），从而能够探询家庭和女性通过科学属性以及量化过程而被予以理解的方式。伊里加雷并不是为了赞美爱丽丝想象新空间的能力，而是想表明，在脱离了数学局限性、分离以及秩序之后，如何构建现代家庭社会关联度以及如何建造环境。于伊里加雷而言，这些度量以及量化的程序忽略了时空社会关联的重要性，此关联真正构建了宜居家庭：

> 从爱的角度来说，测绘明显用处不大。至少并不是用来爱的。实事求是地讲，人们如何去度量或者定义，存在于投影面后面的是什么呢？什么能够超越它们（它）的局限性？或许依然是适当的内容。那里能够产生什么，人能够呈现什么并且能够再现什么，毫无疑问，他对此非常感兴趣。但是他如何超越那条水平线？如果他不能固定他的视线，他如何实现愿望？如果他不能瞄准梳妆镜的另外一边，他又如何实现愿望？（1985a，p. 18）

伊里加雷同样将与康德的建筑技术或者系统哲学相关的建筑、哲学思想汇集到了一起。在文章《先验悖论》（*Paradox a priori*）中，她调查研究了康德有关空间和时间的概念，并且证明，尽管他也承认不对称或者想象空间的重要性，但康德依赖于单一的主体或者投影点[即他的"哥白尼式转向"（Copernican turn）]，基于此，所有的知识体系得以构建，从而使得他能够建造有关空间和时间的一个同质建筑技术体系。她写道：

> 因此我们能够想象建造他房屋的主体是一个一个的房间，并且房屋真正建设完成：坚实的地基、清楚的名称、地下室、楼梯、餐厅、更衣间、小书斋、书房、走道、门、窗、

72

阁楼……以此种方式把住房分为不同部分，这是一件小事，前提是每一部分都从属于整体，并且从不声称自身可以作为一个整体，因为**那**并不会允许人们赋予神秘——或者**历史之谜**（hystery）以一种与众不同的形状，那都已经被融入和谐的家庭结构之中（1985b，p. 212）。

在伊里加雷看来，康德依赖于一种先验科学思想就意味着，所有系统内的学科（比如建筑或者哲学）、它们各自的生产制造者（比如建筑师、哲学家或者测绘师）以及物（比如几何、空间或者住房），都来源于空间和时间的先验理念。因此，建筑材料表现上的明确差异性，是由理念以及时空事件体现出来的，而该差异性被忽略。在建筑方面，那些开始对有关于家庭以及城市建筑的先验思想之局限性形式提出质疑的设计师和评论家包括：爱丽丝·弗里德曼对16世纪哈德威克庄园体现出来的女性主义规划所进行的历史研究（Rendell *et al.* 2000，pp. 332-341），或者戴安娜·阿格雷斯特为旧金山中国盆地所做的设计，该设计并不适用于非欧几里得（non-Euclidian）几何，以至于和城市规划的系统性设计相抵触（Hughes 1996，pp. 200-219）。另外，迪勒和斯科菲迪奥的"谴责"（Bad Press）项目[①] 揭示了身体是如何破坏亲密与家庭空间，以及空间实践的（Hughes 1996，pp. 74-95）。

超越几何

伊里加雷对科学思想的新型定性模型进行了潜在性的真

---

① 此项目英文全称为 "Bad Press: Dissident Ironing"。该项目是对家务进行了一种截然不同的实践练习，采用了25件普通男性白色衬衫、熨斗以及喷雾上浆液（Diller Scofidio，1993）。——译者注

正探索。在《流体"力学"》和《性别差异的伦理学》这两篇文章中，她对科学思想做出了最为积极正面的评价。在第一篇文章中，她探索了性别主体材料以及"流动性"（fluidity）的心理素养，与科学潜在性之间的关联度，从而表达了物质和差异性的流动概念：

> 难道它已经存在于周围……即女性根据几乎不能与占统治地位的基督教信条神学之框架相兼容的形式而传播了她们自己。……因此我们将不得不返回到"科学"，从而能够询问一些科学问题。举例来说，询问关于详尽阐述流动"理论"方面的历史滞后问题，甚至也可以询问关于数学形式化方面随之而来的难题（1985a，p.106）。

73

因此，在此处，她指出了，有限真理的科学理论，和固有的物质无限性（比如，对角线）之间的"难题"或者漏洞是相对的，这些是存在于科学表现体系当中的核心。另外，她通过讨论提出了问题，即谁被包含在这些科学欲望中或者被排除在外；举例来说，当她要求有机会质疑"科学视域 [和] 对一些论述提出疑问，该论述关于科学主体和科学探索及其构想之主体中的心理与性别参与性"（1993a，p.125）。

文章《性别差异的伦理学》也发展了这些伦理学问题，这是参照物理学家，伊里亚·普里高津（Ilya Prigogine）[以及他和女性主义哲学家伊莎贝尔·斯藤格斯（Isabelle Stengers）的合作] 的研究，此研究表现为定性科学思想的一种积极实例，因为偶发事件构建了物和方法：

> 如果需要一种科学模型，女人之性或许可以更好地与普里果金所谓的"耗散"（dissipatory）结构相匹配，可以通过和外部世界之间的交换而起作用，从一个能量级

到另外一个能量级按步骤继续前行，这并不是被组织到一起用来寻求平衡，而是为了跨越门槛，跨越能够和超越无序或者无流量熵相对应的一种程序（1993a，p. 124）。

后来，在《思考差异》中，该书写于1986年所发生的切尔诺贝利核事故之后，伊里加雷回归到了物理能量中有关新科学理论之道德伦理需要的话题，因此应该考虑到"耗散"女性能量相对于男性或者能量科学表现之间的差异性（1989，p. 3）。除此之外，她发展了有关于女性耗散的讨论，是为了批判弗洛伊德关于主体的概念和他在死亡驱力（death drive）中关于能量制造以及消耗的理论。和女性欲望以及普里果金的积极能量门槛相比之下，她认为，弗洛伊德错误地深受男性能量之消极观点的影响（1989，pp. 93-97）。此外，在有关核能量危险的当代公众和政治论点之背景下，该篇论文也探讨了世界上科学和社会以及伦理关联度相互影响的需要。二十年后，在核燃料、环境以及可持续资源能量制造方面，这些讨论通过运用当前辩论而承载了一种尤为切题的反响。

因此，在建筑思想和实践背景下，伊里加雷关于科学的讨论既表明了科学方法的学科界限——尤其是几何空间的形式主义使用——**而且作为作者和主体，她也质疑科学学科是否允许或者禁止性别主体合法地存在**。那些对几何思想的动态表现进行过研究的女性建筑师包括玛蒂娜·德·梅塞纳的兰布雷希特之家（Lambrecht House）和新斯洛滕住房（New Sloten Housing）项目，都是由阻碍直线性家庭空间的拓扑组织发展而来，或者弗朗索瓦丝·埃莱娜·乔达设计的位于里昂的国际学校教学楼，是由复杂的几何形状发展而来，这些几何形状旨在颠覆占主导地位的空间组织（Hughes 1996，pp. 26-51 and pp. 52-73）。

对话

几何图形绘制如何定义内部空间和外部空间？

建筑师如何运用几何图形而将其作为设计中的一种**积极手段**？

非几何形状设计有什么好处？

如果没有几何或者科学，建筑能够存在吗？或者对这些学科的应用需要被重新思考吗？

建筑方面的性别思想如何能够提升**科学思想**？

桥、围合和视域 ①

当建筑师忽略了设计、建造以及建筑物使用中的偶发事件时，伊里加雷把针对哲学和心理分析方面之科学思想的批判，延伸到了有关建筑方面的讨论；举例来说，当建筑设计被定义为空间理念的系统性生产制造之时，该理念很少或者没有考虑委托人、环境背景或者使用者。这样严格而且是不灵活的学科定义，依赖于空间当中有限的科学概念，并且会导致建造中具有象征意义以及具有帮助性的方法不能反映建造过程中的物质与材料复杂性。然而，本章节也表明，伊里加雷发展了性别空间或者建筑的一种理论，此理论包括流动性、时间性、多重－感官以及多元－维度的空间。因此，在本章节的第二部分，我对这些生产制造多元性以及不可简化的性别时空性或者建筑进行了探索研究。

不可简化的时空性

伊里加雷通过质询空间的哲学和心理分析理论，以证明空间的系统性和非性别性理论阻止了"性别主体"的真正存在。在这些条件下，空间被限制到一种科学概念或者一种没有形状的观点之上。根据伊里加雷的观点，物理科学、数学和建筑的系统形式对空间所赋予的特征为：正式的、客观的、划分

---

① 参见类延辉、王琦译．建筑师解读海德格尔．北京：中国建筑工业出版社，2017：63.——译者注。

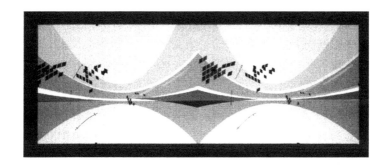

的、理性的、静止的、系统的、不变的、定量的、计划性的、外部的，或者是分离的几何图形。对空间如此理性的描述把世界划分为几何区域和物的一种体系，在该体系中个体被予以定位，并且相似性和对称性占主导地位。另外，她认为，当空间被定义为非理性的、难以理解的或者抽象的，那么此空间和女性共享了这些特征。二者均被看作没有形状的、过度的、未知的、无意识的、难以接近的，或者是片段性的。再者，在每一种情况下，空间被简化为同质的，并且是二进制价值体系；它是正式空间，或者是无形空间。

　　除此之外，伊里加雷也展示了，这些空间的非性别描述是如何同样地决定关于时间的观点的。在这一传统等级范围内，时间是空间的"侍女"（hand-maiden），模仿并重复着同样占主导地位的关联度和结构。再次，女性也和时间非理性的、不确定的、不稳定的并且是非永久性的属性联系在一起。另外，当时间通过理性度量或者有限单元（即有理数）的连续重复被予以定义时，女性也被分配到系统（即数字 2 永远跟随于数字 1 之后，正如女性次于男性）中的第二等级，具有消极价值。因此，女性能够和理性时间的一种无限形式联系在一起。但是此处，再一次地，自我相似性的法则定义了无限性和女性，因为它是对源自于数字 1 的可识别价值的一种重复。因此，时间和性别主体，都被局限于一种理性空间或者一个有理数的无限模仿上。

根据伊里加雷的观点，这些对空间和时间的有限理解因此决定了女性主体（女人）所能够操作的方式：要么她被"适当的"科学空间与时间拒绝，或者她和——存在问题的却也是依赖性的——无形的空间的观点，同时也是永恒的空间的观点，联系在一起。此两种选择都不能为性别主体提供思考空间的一种"适当的"方式。因此，在本章的第一部分，我审视了这些不可知的或者无法计量的空间是如何成为负面版本的，即性别主体和性别空间在图形上的负面版本，比如深渊或者"洞"。

然而，伊里加雷也勾勒出了空间关联度的"第三种"模式，此关联度存在于能够积极地思考并且积极感知的人们这一类性别主体当中。无限空间与时间的负面形状，因此，也揭示了伊里加雷双重思维的**另外一面**，这包含了性别主体的积极表现，并且也包含了**她以及他**所生活的性别空间的积极表现。这些空间是异构的、拓扑的、不能约简的（即它们不能约简为绝对的形式或者形状）、多维度的、有艺术美感的、定性的、深层次的、心理的并且持久的。因此，在本章中的第二部分，我将探讨性别空间和诗意的时空关系（比如，围合、体量、视域和桥），此关系能够证实性别空间和性别时间是如何不能约简为有限的象征符号或者表现的。所以，通过构建性别和感知建筑历史、建筑实践以及建筑诠释，伊里加雷的著作能够为建筑师提供诗意的生产制造方式。

盲点、洞和缺口

在建筑师看来，在具有象征意义的空间和时间之表现方面，伊里加雷对此所做的关于局限性的批判引发了很有趣的问题，该问题即：建筑空间中什么能够被合法地予以描述或者什么不能被合法地予以描述，生活中的哪些方面可能被视为会超越表现本身的力量；举例来说，建筑绘制、模型制作以及文字报告的传统建筑惯例，如何能够制造不同的空间感觉？在这些个过程中，哪些观点和主体被省略或者被忽视？对建筑设计来说，哪些主体被认为过于复杂，并且因此作为多余的或者不必要的目标而被予以拒绝？如果建筑不能考虑性别主体的需要以及欲望，那么对特定使用者来说，建筑在开发空间方面如何能够成功呢？（在本章最后，我通过分析一些建筑实践的实例来研究这些问题）。

在《窥镜》《此性》，和《性别差异的伦理学》中，伊里加雷研究了性别主体被视为表现外部规范的方式，例如，以空间图形的形式，比如"洞"以及"深渊"。在这些讨论中，伊里加雷着重注意到空间被视为无穷大的方式，因为它是不可度量的、难以计量的，或者处于能够表现有限和有理**形式**世界的结构**之外**。对伊里加雷来说，这些讨论因此揭示了现代具有象征意义的或者起重要作用的体系之不足，该体系把空间和时间限制到了有限表现之上。

洞穴和盲点出现在伊里加雷的第一部著作《窥镜》中，尤其是在她的观点中——弗洛伊德并没有能够表现出女孩和女性真正的社会体验以及性别体验。在本书的第一篇文章中，即《对称性旧梦的盲点》（*The blind spot of an old dream of symmetry*），伊里加雷指责弗洛伊德基于"盲点"、"空"、"洞"去构建女性性别，并且缺乏一种适当的"原始"女性性器官。在伊里加雷看来，弗洛伊德在他对性别体验的研究中漏掉了女性——在他的观点中她是一个"洞"——因为她仅仅出现在她的性别被男人的性别所"取代"之时。另外，

她"缺乏"性别力量而被视为男人性别身份的一个威胁,例如,在阉割情结的神话中。伊里加雷用十分明确的言辞阐明了这一点:

> 女性的阉割被定义为她没有什么是你所能看见的,如同她一无所有。……完全不像男性。也就是说,以能够发现其现实情况的**形式**,以能够再现其真理的**形式**,没有**性/器官**是可以被看见的。**什么都没有看到被等同于一无所有**。不存在并且没有真理(1985b, p. 48)。

因此,在心理分析上,女性对它的知识体系来说是一种威胁,因为她处于心理分析表现模式**之外**。在男人的象征经济中她只是一个洞。什么都没有可能会导致"存在"体系、"再现"体系以及"表现"体系方面最终的破坏、断裂、破裂(1985b, p. 49, and 1985a, pp. 24-26)。除此之外,她写道,拉康的主体理论对女性的心理空间体验作出了不准确的描述;例如,他写到了身份,即他所谓的"镜子阶段"(mirror phase),构建了对世界的一种歪曲看法,在此观点中,女性真正的体验再一次地被视而不见。然后伊里加雷对弗洛伊德的批判也肯定了,性别主体表现以及性别主体空间的另外一种语言发展过程中性别主体的分裂性力量。

接下来的两篇文章也继续了这一主题,证明女性被歪曲为历史观点中的一种无关紧要的概念。首先,伊里加雷认为,亚里士多德有关物理学和自然科学的哲学把女性限制在体系中不充足并且是多余的缺口或者洞之上(1985b, p. 165)。其次,在文章《神秘》(La Mystérique)中,她探索了狂喜之爱(比如由位于圣·特里萨的贝尔尼尼雕塑所代表的)的一种理论表现如何把女性浇铸成一种永久的理性丧失(1985b, pp. 194-195)。最后,伊里加雷通过曲面镜、"窥镜",错误地使用镜像法的过程，就是为了证明这些反射等同于"洞"，而不是女性生活的实质性表现（1985b，p. 144）。

然而，文章《没有轮廓线的容积》包含了伊里加雷对西方思想中缺失的心理空间漏洞以及缺口所进行的最为强烈的双边探索研究，这来源于词汇"差距"（écart）的不同词源以及文化内涵。此处，她分析了差距的多重价值；例如从语言方面讲，女性的空间、洞、缺口、裂缝或者"孤独"。它就是"那个她能够从中找到自己的缺口、空间、距离 [参考 écart，（法语，即差距），écartement（法语，即间距）]，她从中再次成为洞以及被凿上洞 [参考 se retrouve（法语，即发现）]……她从今以后将作为一个洞 [参考 trou（法语，即洞）]"（1991b，p. 57）。然而，在接下来的句子中，差距也是开口（opening），通过这一点，伊里加雷推动了她的不能约简之性别空间经济，但并不仅仅是多余或者不可度量的；如果差距是"完全没有任何适当含义的"，"那么对她来说，隐喻将会具有一种非妨碍性距离的功效"。因此，**差距**（écart）这一词汇是一种重要的空间铰链，能够表明异质时空 – 时间性的存在。然而，在这一特别文章中，这些新的性别空间最终并不能得以实现（1991b，pp. 57-66）。

通过建筑写作的一种特别错综复杂的形式，詹尼弗·布卢默在《建筑与文字：乔伊斯和皮拉内西的教堂地下室 》（*Architecture and the Text: (S) crypts of Joyce and Piranesi*）（1993）一书中，对建筑图绘制和文字报告进行了线性空间研究。接下来，在该项目的一篇后期文章中，布卢默运用裂缝描述了这些线条，它们是"建筑的可能性"，这和伊里加雷对**差距**的讨论产生了强烈的共鸣（Huges 1996，p. 244）。

深渊和错综复杂性

伊里加雷对"深渊"（对超越表现的空间的另外一个术语）的研究，在文章《女人皆如此》（Così fan tutti）中得以探索，该文章收录在她关于尼采的著作《海洋恋人》一书中。在首段文字中，伊里加雷表明，洞构建了心理，洞也因此构建了性别主体的空间语言形式和空间，洞是如此之深或者如此无限大，是洞构成了深渊。她写道：对他者身体缺乏论述被转换成为间隔，从而把所有女性互相分离开来。……但是这一缺陷、这一缺口、这一个洞、这一深渊——在论述实施过程中——结果也将会被另外一种物质所掩盖：延伸（Irigaray 1985a, p. 98）。另外，伊里加雷把这种特殊类型的"不可知深度"等同于数学运算、拓扑所依赖的无穷有理数概念。为了质疑现代科学中拓扑空间如何产生同质并且是模糊的无穷大，她写道：

> 他者的场所、他者的身体，接下来将会在拓扑结构中阐述清楚。在最靠近于论述和幻想之处，从空间正交——书写符号的真相来看，性别关联的可能性将会被错过（1985a, p. 98）。

因此，此处，**伊里加雷描述了空间和时间之间的一种不同关联度，"老生常谈"的词源学存在于该关联度中，意指"场所"，被加以强调**，并且从该关联度来看，异质的和特殊的身体以及场所也得以构建起来。另外，在《海洋恋人》中，她运用尼采哲学对女性空间的构建进行了探索。特别的是，研究性别主体和性别空间之间的对立性，与卓越的知识高速发展以及高度相对比，而这一点正是尼采的"超人们"所试图达到的目标。

相比之下，伊里加雷把女性和不可约简的然而又是"创造性的"海洋深度联系在一起，这威胁到了男性理性化空间并且控制空间的企图（1991a，p. 52）。这导致她认为，男性试图"战胜"世界无穷大的失败也揭示了不可约简之深度与风险，此深度与风险是海洋以及性别主体中所固有存在的，并且不能解释表现的有限形式。因此，女性和海洋的物质过剩体现出了一种被遗忘的深渊，这是基于男性为了自身那颇具风险的无限欲望，仍然努力"保全"安全的"阵地"：

> 因此，既然底部从未被探测过，所有相关的现实以及真相仍然处于肤浅外观的水平之上。他们只是从底部移走相关内容并且通过与之借用的物质使其变得难以理解。那些从未被探究过的内容仍然隐藏于深夜当中，与白昼所能够想象的相距甚远（1991a，p. 60）。

另外，此段文字探索了意外事件，这打破了解决问题（抓住问题的"最深层"）的理性尝试，并且也可能赋予了建筑设计方法与实践以特征。因此，此处，伊里加雷发展了对目标驱动方法的一种批判，建筑师通过该方法可以探索学科是如何被构建起来的，这是基于确保"地面"、"立足点"和结构以及工程知识的需要，从而能够发展对这些真正实际问题的"解决办法"，和没有找到解决办法时所产生的学科焦虑以及职业风险相对。例如，有关建筑地基的条件性质之讨论可以参见黛布拉·科尔曼的绪论（Coleman *et al.* 1996，p. xiii），伊丽莎白·格罗茨对伊里加雷的不可约简之地面的讨论（2001，pp. 155-162）或者希尔德·海内对栖居的分析（Heynen and Baydar 2005，pp. 1-29）。

和尼采的意见相左也提供了一种错综复杂的批判，一种空间图形，建筑设计师常常会把此图形和路易斯·博尔赫斯的著作联系在一起 [比如，他收集的故事，《错综复杂性》

（Labyrinths），1964]。尽管错综复杂性可以作为时空无限性当中一种具有吸引力的图形，但伊里加雷指出，错综复杂性来源于希腊神话，在希腊神话中，性别主体主要被定义为"丢失"或者男性主体的一种"反射"（1991a，pp. 69-73）。对伊里加雷来说，尼采认为女性和错综复杂性之间的关联度可以作为一种消极的表现得以永存，该错综复杂性在阿里阿德涅神话中被最为明确地表达出来，阿里阿德涅代表着女性推理的一个有力的神秘人物，并且找到了能够从错综复杂中走出来的道路。然而，尽管错综复杂性的深度是作为性别主体的空间图形，尼采的错综复杂性并不代表着能够赋予它释放的力量或者阿里阿德涅体验中所包含的变换。相反地，女性仍然主要和错综复杂性的表现，即作为使人迷失方向的一种空间，相互联系在一起，而不是一种独立地具有推理能力与感知能力的性别主体：

> 她是你的错综复杂性，而你是她的。从你到你自己的一条通道迷失在她之中，同时从她到她自身迷失在你之中。如果一个人仅仅是在这一切中寻求镜子游戏，那么这个人就不能创造深渊吗？仅仅是寻求吸引力而回归到最初仅有的栖居，那么这个人就不能挖出深渊吗？（1991a，p. 73）

该篇文章也让人想起伊里加雷对柏拉图的"容器"["子宫"（hystera）、阴性空间/母体空间（chora）或者通道（passage）]所做出的讨论，作为另外一个关于不可约简之迷宫式的空间例子，这都是"不可知的"，并且因此是"不合理的"[即毫无道理（beyond reason）]，举例来说，她写道："该'容器'秉承了所有一切的痕迹，理解并包容所有一切——除了它自身——但是，它永远不可能真正建立起来和明白易懂之间的联系"（1985a，p. 101）。

这些关于无限空间－时间的告诫性词汇，和来自建筑师以及建筑评论家的那些批判联系在一起，这些建筑师以及建筑评论家，对其他建筑师提出了建议，即在设计过程中能够保持应急状态，同时对可能出现的错误观点提出了警告，该错误观点意指建筑设计、过程、材料以及合作能够真正被设计师所控制（比如，Sarah Wigglesworth in Rüedi *et al.* 2000，或者 Blundell Jones *et al.* 2005）。然而，我也不会争辩说，建筑应该放弃其技术以及科学知识以应对 21 世纪的真正材料与环境需要。相反地，伊里加雷的著作建议发展一些办法，能够实施多重感官协作，能够实施技术层面、材料以及口头语言之间的协作，这可以尊重建造环境产生过程中所涉及的贡献以及"他者"的场所。另外，她的著作警醒着建筑设计师有必要警惕学科中表现技巧方面的过度决断性。而且，她也指出了一些能够丰富我们聆听、参与和构建物质以及社会现实的方法。除此之外，她的著作鼓励建筑参与者们积极地回应不同的心理以及切身体验，这些体验处于学科内外的界限之上。

围合、天使、桥、视域和门槛 83

纵观伊里加雷的出版作品，"异质空间－时间"的重要性显而易见。在早期文字中，它早已存在，但却遥不可及。然而，在后期著作中，尤其是在《爱的方式》中，它是一种可以实现的"现实"，即产生于性别主体彼此间的相遇；男性和女性，哲学家和性别主体。和同质空间以及时间相比，性别时空－时间性由其固有的差异性所决定，该差异性作为所有独立个体的现实状况而存在着。举例来说，在文章《当我们的唇瓣讲话之时》当中，这一空间－时间是有触觉的（即构建于触摸）。独立个体之间的社会和心理关系是由它们不断变化的心理和空间关联度发展而来：

> 没有什么表面能够保持不变。没有什么图形、线条或者点能够保留下来。没有什么地面能够一直存在下去。但是也没有深渊能够如此。深度，对我们来说，并不是裂缝。没有坚硬的外壳，没有悬崖峭壁。我们的深度是我们身体的厚度，我们所有的触摸都来自自身。顶端与底部、内部与外部、前面与后面、上面与下面，都没有分离开来，没有相距甚远，没有遥不可及。我们所有的一切都混合到一起。没有破裂或者缺口（1985a，p. 213）。

另外，在建筑背景下，异质空间－时间可能会因此产生于感知以及建造环境的性别制造，在该建造环境中，个体的不同需要被予以考虑。

所以，不是深渊或者洞的不可度量之无限性，异质空间－时间发展自于和社会上其他人共同生活的身体以及心理方式的偶然性。空间和时间处于持续变化的互相依赖关系，而不是相同重复性质的逻辑表现，这些性质把性别主体还原为正式的语言或者建筑。在文章《相同的爱》（ *Love of the same* ）中，举例来说，伊里加雷探索了这些时空－时间性的关联度，即存在于"具有丰富围合感"（nourishizng envelope）图形之中的关联度，此图形是具有触觉的、有形的，并且具有社会性。相比之下，她认为，莫比乌斯带（Moebius strip）的拓扑图形①，是基于内外空间之间的有理划分而产生作用，从

---

① 德国数学家莫比乌斯和约翰·李斯丁于公元1858年发现，把一纸条扭转180°后，两头再粘起来做成的纸环带，具有魔术般的性质。一般纸带有两个面（即双侧曲面），一个正面，一个反面。而扭转后的纸带只有一个面（即单侧曲面），一只小虫可以爬遍整个曲面而不必跨越它的边缘，这种纸带被称为莫比乌斯带。——译者注

而能够制造限定性的"围合感"（1993a，p. 105）。此外，在书中的另外一篇文章《围合》（*The envelope*）中，她批判了斯宾诺莎关于围合的局限性版本，即并**没有**允许男性和女性之间的异质、触觉上的接触。通过一种"新"的方式去构建性别文化的愿望，因此推动了伊里加雷在她的整个职业生涯中去探索时间和空间，在文章《性别差异》中，她用一种特别的空间方式表达了她的愿望：

> 过渡到一个新的时代，要求我们在空间 - 时间的认知与概念上、场所以及居所栖居，或者围合特色上，都应该有所变化。这假定并且牵涉到场所构成三部曲之间的形式上、物质和形式关联度，以及间隔关联度上的一种演变或者一种变换（1993a，pp. 7-8）。

　　除此之外，在该篇文章中，伊里加雷对存在于天使角色的，一种神学力量中的不可约简的、定性的空间－时间之价值进行了探索，这一价值"持续不断地通过围合或者容器，从一边到达另外一边，重新修改每一个最后期限，改变每一个决定，阻挠所有重复性"（1993a，p. 15）。天使因此表现出了空间和时间变换活性剂的作用。他们的角色是作为信息传递者以及他们"之间"或者"间隔"所包含的理性变化之图形而存在的。另外，以加百利①（Gabriel）的形式，天使也是和性别空间以及性别主体的产生联系在一起的。

　　接下来，在《场所，间隔》中，通过对"间隔"和"场所"的讨论，伊里加雷也陈述了对亚里士多德剥夺空间－时间之权利的批判。伊里加雷认为，亚里士多德的空间－时间是无限的，但被动的、静态的，并且是消极的。然而，她也观察到，

---

① 圣经中的加百利天使，是上帝传送好消息给人类的使者。——译者注

有一些真正变换的时刻，例如，当动态场所在两个身体之间那具有渗透力的围合当中产生时（1993a，p. 47）。再次，伊里加雷谨慎地思索了性别时空－时间性图形之积极概念的潜在性，此图形具有触觉性并且是不可约简的。此外，后来在书中，她指出了桥的空间图形是如何隐藏于笛卡尔著作当中的。总之，她把笛卡尔的观点看作对同质空间和时间的一种描述。然而，她也认为，异质时空－时间性或者桥暗含于笛卡尔观点当中，这可能会和性别主体息息相关（1993a，p. 75）。

那些对围合、天使或者桥已经进行过探索的女性建筑师
85 包括，迪勒的“气氛”（atmospheric）围合和斯科菲迪奥的模糊建筑（Blur Building）（2002）以及弗朗索瓦兹·埃莱娜·乔达为马恩河谷大学（University of Marne la Vallee）所做的设计（1992—1995），乔达有如下描述；“厚度（A thickness），处于内外部之间的一种完全人工的介入，能够对建筑及其环境进行协调”（Hughes 1996，p. 62）。瓦内萨·蔡斯提到了伊里加雷的围合以及装饰理论（Coleman 1996，pp. 155-156），并且简·伦德尔和帕米拉·韦尔斯（Pamela Wells）应用了伊里加雷的天使理论去重新思考艺术和建筑之间的空间关联度（Hill 2001，pp. 131-158）。艾米·兰德斯贝格和丽莎·卡特拉莱的绘图项目——“看天使之触”（See angel touch），使用了路易斯·沙利文在纽约设计的贝阿德大楼（Bayard Building）上面的“檐口天使”（the cornice of angels），从而创造出了一种具有想象力的附加地面层（Coleman et al. 1996，pp. 60-71）；梅里尔·伊拉姆在其设计中的反映也对理论与实践之间的富有成效之桥进行了探索（Hughes 1996，pp. 182-199）。

另外，其中伊里加雷所构建的最为积极的空间－时间之一，就存在于互有爱意主体之间的爱抚或者触摸动作当中。此处，

亲密关系能够使得主体的"围合感"（envelopment）、"视域"（horizons）或者"形成"（becoming）和其他（主体）所栖居的空间相互关联。性别主体产生于尊重的特殊属性以及互相间的共享亲密性，组成了"存在于其他主体能够给予保持自由的空间－时间过程中的一种形成"（1993a，p. 207）。除此之外，在文章的后面，伊里加雷发展了她其中一个最为明确并且最为乐观的对建筑思想的参照，即去推测，基于异质空间－时间、欲望（或者快感），如何去构建世界，此时她写道："我们需要建筑师。建筑师的美丽在于塑造快感——一种非常微妙的物质，顺其自然并且围绕它来建造。"（1993a，p. 214）

接下来，伊里加雷呼吁建筑师建造不断变化的"门槛"，即能够体现个体之间互相关联的切实的、触觉的以及情感的力量。

比阿特丽斯·科洛米纳的文章《战线：E. 1027》（Battle Lines: E. 1027），举例来说，呈现了对视域的一种建筑诠释，即出现在当她讨论欲望时，是为了"一种新的空间感、一种新建筑"，当讨论《私密性与公共性：作为大众媒体的现代建筑》（Privacy and Publicity）（1996）中勒·柯布西耶对摄影的运用时，"这些存在于内外部的内容不再是确切的划分"。科洛米纳写道，她通过理解海德格尔对视域的讨论发展了这一论点；"在这一新的空间感中，内外的传统区别已经被极度模糊，正在转换为建筑师的作用以及主体性的模式"（Hughes 1996，p. 4）。

在伊里加雷最近的一本出版物即《爱的方式》当中，她也对源于海德格尔哲学的一种性别时空—时间性进行了发展。这和她早期在《遗忘在风中》（The Forgetting of Air）对海德格尔所进行的批判形成了鲜明对比，在此书中，伊里加雷认为，海德格尔的哲学忽视了不同空间和时间能够建造"门廊"或者"门槛"的重要性，该门廊或者门槛能够限定空间以及时间（1999，pp. 34-35 and p. 96）。然而，她在后期仍然和海德格尔的意见相左，男人与女人之间的性别关联度是可能存在的，因为时间是具有空间性的，但是它并不是空间的一种仿制品。相反地，伊里加雷认为，海德格尔把时间的概念看作不能约简的，是因为它涉及持久性。当它能够在空间上体现出来时，时间能够产生开放性的空间以及栖居模式。她写道："即使没有周围的所有一切，时间本身也能够成为空间，成为双倍的空间。时间和空间依然具有开放性，同时，持续地组成能够停留的栖居场所。"（2002b，pp. 148-149）因此，伊里加雷拓展了海德格尔对性别主体以及性别空间的思想，尤其是海德格尔与"栖居"相关的理论（Sharr, 2007）。

在本书的最后一部分，即"重新建造世界"，空间隐喻为大千世界当中个体之间的以感觉为基础的、物质的以及社会的关联。受启发于德国的诗人、哲学家荷尔德林，伊里加雷发展了对物质的以及语言的联系方面的一系列特别和建筑相关的表达，以为了能够建造性别主体联系上的实际"场所"，同时，诗意的"住房"或者语言通过此联系能够表现这些关联度：

87
　　因此，举例来说，根据荷尔德林，栖居是人类生存条件的一种基本特征。但是，能够栖居是与建造行为捆绑到一起的：如果没有建造，就没有栖居。然而，一间住房可以由语言制成，并且建造行为相当于一种诗意的行为活动（2002b, p. 144）。

　　因此，她对诗意建造的建筑物进行了描述，这使得生活具有持久性，正如"栖居的诗意方式"（2002b, p. 152）。

新姿态使得每一个体之间所具有的不可约简的区别，在社会关联度中能够被积极体现出来。另外，主体之间所能构建起来的任何桥梁都是因情况而定的，从来都不是绝对不可更改的或者绝对固定的（2002b，p. 157）。相反，联系由个体之间的差别发展而来。在这方面，伊里加雷体现出了一种价值上的转变，该价值存在于"居住环境方面，比如建筑"，表现为：从决定性设计到个体的想法也可以予以追加考虑的转变，再到"对视域的支持"或者对性别关联的转变（2002b，p. 171）。

《主要著作》（Key Writings）（2004）再版于伊里加雷近期的另外一本论文集中，这是《爱的方式》书中最后一章，也论证了伊里加雷发展性别时空行为、态势以及语言的潜在观点，是如何从她早期的批判性质询戏剧性地转变到空间和时间方面的。在这里，她推动了构建"性别文化"的有效方式，此性别文化能够切实地、社会性地并且是具有政治性地表现当前和未来之女性与男性的物质世界、城市、机构以及家庭（2004，p. xii）。（然而，在题为"我们如何以一种持久的方式居住在一起？"的已出版的论文当中，也表明伊里加雷针对系统性建筑进程的批判并不总是令人信服的。）尽管如此，总体上讲，伊里加雷的后期著作表明了一种更为积极的信仰，即性别建筑师是存在的，并且构建了这些新型"诗意的栖居方式"（poetic ways of dwelling）。许多建筑历史学家、理论家和设计师，我在本书之前的章节中已经提到过，他们明确地渴望诗意的方式并且愿意去探索这些诗意的方式，这种诗意的方式能够建造出具有批判性同时也具有创造性的性别建筑。除此之外，在本书末尾的参考文献目录中也标示出了更进一步的延伸阅读文献，通过这些延伸阅读可以更加详细地探索这些多元化方法以及实践，和其他相关内容。

　　在城市环境或者一栋建筑物中去控制空间和移动，这是否具有可能性或者可取性呢？

　　在当代建筑设计中，什么样的建筑风格**被遗忘或者被忽略了**呢？在建筑历史、理论、评论和设计中，存在着什么样的**知识空白**呢？

　　什么样的建筑物或者建筑类型能够**挑战或者破坏**我们对空间的体验？那么又是以何种方式进行挑战或者破坏的呢？从什么方面讲，这或许是一种具有积极性的体验呢？

　　从什么方面讲，建筑是一种**时空体验**呢？这些诠释是如何帮助使用者去理解建筑的？

　　什么样的建筑历史实例能够为使用者提供**多元化空间体验**呢？

　　建筑师如何建造**具有美学性**或者**诗意**的建筑呢？这又如何去响应男性、女性以及孩子是以不同的方式居住呢？

　　视域或者**依具体情况而定的门槛**，对建筑设计、历史、理论以及评论来说有什么好处呢？

声音、政治和诗意

伊里加雷在哲学和心理分析方面所接受的教育，启发了她去讨论空间、时间与事物，以及这些能够构建我们理解建筑的方式。本章表明，伊里加雷在语言学上的教育，对她分析性别主体和空间也起到了核心作用。例如，在《主要著作》中，她在语言学和文学方面所接受的学术训练，以及她作为心理治疗师的职业，都体现在她"有关于语言方面的研究上"（2004，p. 35）。伊里加雷对口头表达政治方面的研究——也就是说，我们的演讲和演讲行为——始终贯穿在她的著作中，但是在《思考差异》《我对你的爱》和《民主始于二者之间》

当中体现得尤为重要。因此，本章探索了当代文化政治、语言以及社会体制中，性别主体是如何被予以体现并且被表达出来的。

对伊里加雷来说，语言是另外一种空间"建筑"，能够表达或者抑制性别主体之欲望以及所需要的转变。在她的早期作品当中，伊里加雷认为，性别主体栖居于西方演讲主导模式的"外围"，她从而发展了"诠释的"或者"解构的"理解，即能够把这些被忽略的含义从其受限制的价值中释放出来。在她的后期作品当中，性别**演讲**主体并不那么强调定位于主导文化以及体制论述的直接对立面之上，比如建筑。相反地，在使交流的性别形式成为可能的演讲中，伊里加雷重新探索了"对话"、"彼此之间的意见相左"以及"交换"，并且以书面形式写出了该种需要，为女性和男性在文化、新政治、社会以及美学语言中的真正持久的社会与政治变化进行了发展。

此外，伊里加雷的著作鼓励我们找回已经失去的东西，并且对积极支持性别文化的"新型"视觉以及口头语言予以发展。对建筑职业来说，这仍然是一个迫切的议题，究其原因，尽管在英国建筑教育中女学生和男学生的比例是真正合理的 50：50，但该职业仍然由男性为主导；女性建筑师仅占14%[举例来说，参见英国皇家建筑师协会（Royal Institute of British Architects）1993 的报告《女性为什么离开了建筑？》（*Why do women leave architecture?*）也可以参见英国《建筑师周报》（*UK's weekly paper for architects*）《建筑设计》（*Building Design*）之《50/50 运动》]。对建筑职业而言，性别语言也因此至关重要，从而能够在政治上做出回应，并且能够对设计发生地的特定美学、环境、社会、政治、经济、历史以及文化背景作出贡献。

政治、对话、演讲与演讲行为

在《窥镜》中，伊里加雷解决了柏拉图哲学中的对话空间问题，这可以被看作哲学技术范例以发展辩证（即相对立的）观点。然而，尽管一场对话意味着多于一个人在讲话，但是伊里加雷认为，柏拉图关于洞穴的对话仅仅允许特定的（男性）声音及其观点得以表达出来，与此同时，其他（女性）的声音要么不能被倾听，或者她们的表达力量是如此微弱以至于她们的贡献完全被予以忽略；"因此无法具有话语权并且无法发出其他声音"（1985b，pp. 256-257）。这种怀疑态度引导着她去分析"系统性本身表面之下所隐藏的可能条件：离题的说话方式包含了什么样的内在相关性，以至于隐瞒了其产生之下所需要的条件"（'The power of discourse'，1985a，pp. 74-75）。因此，对伊里加雷来说，主体之间的传统柏拉图式对话并没有真正包含一种**真正的**空间，在此空间内，不同的主体体验得以实现，因为它的结构仍然赋予男性演讲主体以特权，并没有赋予性别演讲主体以特权。相反地，她把这一点视为一种文本的并且是口述的空间，在该空间内，"性别主体"要么是无声的，要么没有被予以倾听。对伊里加雷而言，演讲以及聆听行为是极为激烈的政治场面。所以，她质问，知识是如何由专家构建起来的，同时，日常语言也在设法"颠覆"组织原则以及学科律法，以期能够说明什么被忽略或者缺失。

其他的"语言研究"策略涉及伊里加雷去打破"线性阅读"或者对称空间法则，这些对论述起到了强化作用，比如哲学和心理分析（以及建筑的系统形式）。另外，她的早期文章对"讲话主体"、作者身份以及权威之间存在问题的关联进行了探索；例如，她对父系命名的评价，以及对与男性礼制和财产所有权相关联内容的评价。在这些空间内，伊里加雷认为，性别主体在男权话语权当中所处的适当位置被剥夺了，因为在含义体系中她被赋予了一种"支持"或者"补充"的价值，而不是一个"原始的"主体。在文章《此性》中，伊里加雷展示了赋予女性以父亲的名字这一事实是如何对同质身份这一原则进行表达的，此同质身份包含了不同的主体 [这是"自相似性"（self-similarity）的一种原则]。因此，男权传统把性别主体的异质性降低到一种标准的价值或者"适当的名字，适当的含义"，与性别主体的主体性之多元状态形成鲜明对比，这并不是由单一的"适当"名字所能够表现出来的（1985a，p. 26）。

然而，伊里加雷却也运用这些策略以构建一种"女性化风格"的表达，此种表达为世界创造了"女性化场所"。在《流体"力学"》中，例如，她对女性演讲以及她们身体与心理表达的多元化状态之间的联系进行了探索。在这性别空间内，女性的声音，和她对语言的使用，均表达了不同表达模式之间含义的流动性，此表达模式并不能依赖于"适当"含义的固定界限。女性的演讲因此**总是**不同的，依照她们演讲所产生的不同关联度和背景而定。每一个演讲行为都是一种"原始的"事件，并不是相同观点的复制。相反地，**男性和女性之间的真正对话以及关联度总是制造不同的空间**：

> 女性从来不会以同种方式讲话。她所发出的声音是流动的、波动的、模糊的。她不被倾听，除非丢失了适当的含义（the meaning of the proper）。不知从何处而来的阻力阻挡了那充满"主体"的声音。不知从何处而来的阻力阻挡了那充满"主体"的声音，然后凝结、冻结于其类别中，直到它能够汇集到其流动的声音当中（1985a，p. 112）。

接下来，在题为"当我们的唇瓣讲话之时"的论文集的最后一篇文章当中，伊里加雷研究了语言和表达的心理性别之重要性，此语言和表达存在于具有两套唇瓣的女性身体内部，使得她能够在同一时间用多种方式来表达她自己（即她有多种身体表达力量）。除此之外，伊里加雷认为，女性互相影响的方式，尤其是她们如何用语言和身体去**表达**她们对彼此的爱意，强化了她们使用语言的方式，这并不是通过定义绝对的界限和具有自主权的身份，而是通过发展爱和欲望的亲密空间：

> 打开你的唇瓣。……我们——你们／我——既不是开放的也不是闭合的。我们永远不会简单地分离：一个字都不能说出来、制造出来，也不能由我们的嘴里发出声音来。在我们的唇齿之间，你们的以及我们的，几种声音，不同方式的讲话无休止地回荡着，来来回回。彼此之间永不分离。你们／我：我们彼此在同一时间内总是各不相同（1985a，p. 209）。

所以，她利用了身为女性所具有的流动的心理性别欲望之特征，此欲望在同一时间内构建了她的身体表达力量以及语言表达力量。所以，语言结构和主体位置，比如，"你们"、"我"以及"我们"，也需要依具体情况而定，并且依赖于他们彼此之间的关联度，而不是固定于一系列预先指定的角色之上。

另外，这一引用突出强调了，在社会和学科背景下使个体表达成为可能的重要性，同时这一引用也强调了构建建筑及其话语空间的伦理维度方面的重要性。在题为"性别差异的伦理学"的文章当中，伊里加雷认为，参与个体之间的偶然性，对世界上社会以及政治结构来说是一种必然性；"如果性别差异的研究将要进行，那么在思想以及伦理上的革命势

93

在必行。我们需要重新诠释所有的一切，即关于主体与话语、主体与世界之间关联的所有一切"（1993a，p. 6）。

在一项关于性别语言和表达的对比研究中，伊里加雷早期有关心理分析－语言结构表达的一篇文章，来源于她对个体语言的研究，这些个体均遭受精神健康问题之苦。就像这些女性和男性一样，伊里加雷认为，性别主体也是"支离破碎的"，他们并不能用持久而稳定的语言来表现自我；举例来说，因为女性的讲话（比如聊天、闲谈、八卦、造谣以及杜撰）在文化上被诋毁为"虚构小说"或者幻想，和归因于传统男权演讲形式的"真理"价值形成鲜明对比（比如论述、逻辑、神学、描述或者故事叙述）。再者，她进一步与传统作了区分，是通过主张女性演讲的内容处于演讲行为自身之内——"信息就是交流"——从而强调了性别对话当中观点切实表达的重要性（1993a，p. 138）。相比之下，她认为，男权演讲的内容处于主体之外，处于外来"上帝"（God）或者卓越知识、真理的引导之下（1993a，p. 139）。所以，在该篇文章中，语言的男权形式总是取决于真理、秩序以及象征意义之外部体系的标准化，并且凌驾于性别主体感觉表达以及思想表达之上。

94　　性别语言和语言结构因此是必要的，因为这些能够使不同社区和个体建筑得以表达自身，并有助于学科技能在方法上具有批判性以及在解决方式上具有创造性。对建筑来说，伊里加雷的讨论是非常重要的，因其确保性别主体能够被赋予平等的作者身份，即跨学科的技术语言、体制以及专业结构的平等身份。例如，值得注意的是，很多能够在国际建筑事务所成为合伙人的女性建筑师，她们的作者身份以及设计却可能会位列其男性合作伙伴名字之后（或者在一些情况下，会归功于他）。他们包括：丹尼斯·斯科特·布朗和罗伯特·文丘里（Robert Venturi）、艾莉森和彼得·史密森（Peter Smithson）、雷·凯撒（Ray Kaiser）和查尔斯·埃姆斯（Charles Eames）、帕蒂（Patty Hopkins）和迈克尔·霍普金斯（Michael Hopkins）、梅本奈奈子（Nanako Umemoto）和杰西·赖泽（Jessie Reiser）。比阿特丽斯·科洛米纳（1999 pp. 462-471）和丹尼斯·斯科特·布朗（Rendell *et al.* 2000，pp. 258-265）对那些和男性合伙人进行合作的女性建筑师的个人体验进行了探索。另外，合作性实践，比如，Muf 建筑师事务所①（还有之前第 4 章中提到的 Matrix），选择了一种集体名义的工作方式，从而抵制了因命名、作者身份和错误挪用而引发的问题，并且推动了协作的非等级体制的工作实践模式。

构筑性别语言

伊里加雷自 1989 年以来的著作，更加具体地探索了当代语言社会空间的政治性，并且显示了她对政治以及社会变化之文化空间的兴趣，这些并不是仅仅局限于传统学术科目内部。尤为特别的是，她和意大利共产党、女性运动以及意大利女性主义思想家的合作，比如利维娅·图尔科（Livia Turco），使我们得知了这些讨论的内容。除此之外，伊里加雷所进行的这些讨论当中，关于空间的物理肌理和社会肌理内容，在非学术政治文化以及社会文化背景下得以更为明确地发展，比如，公共辩论和政治会议，而不是发生在正式的学术教学背景之下。

另外，这些后期著作的特征并没有因为对学科权威所作出

---

① muf architecture/art 建筑师事务所，于 1994 年在伦敦成立。详情可参见 http://www.muf.co.uk——译者注

的攻击而被过多地影响，而是受到了对法则和文化结构，尤其是对语言之描述的影响。著作强调了伊里加雷思想倾向于"性别文化"理论的转变，对性别个体的精神、伦理、社会、心理、政治以及美学需要来说，此性别文化是可以接近的并且是本身固有存在的；举例来说，她把《讲话永不中立》一书描述为"对科学语言的质疑、对语言性别化的调查，也是对二者之间联系的调查"（2002a，p. 5）。

在文章《语言和窥镜的交流》（*Linguistic and specular communication*）中，她批判了技术、科学的传统论述（比如哲学和心理分析），因为这些论述采用了能够产生僵硬交流形式的法则，也因其构筑了把性别主体排除在外的"封闭性"语言之家（2002a，p.5）。她发展了不对称价值的心理性别分析，在心理分析中该价值是置于代词"我"和"你"之上的，她认为，通过此分析，性别主体在进程当中被予以否认："在他们最初之不可反转的关联中，《我》和《你》组成了《一体》。缺少了人称之间、相同以及不同之间的差别，这个《一体》已经成为他们将来分离的可能性。"（2002a，p. 11）

因此，对伊里加雷来说，讲话的优先模式（即叙事性的或者逻辑性的思想）忽略了他们所指个体的特定需要以及欲望；举例来说，心理分析拒绝承认性别主体在文化方面作为女性、母亲和孩子的积极价值。后来在文章中，她把性别主体的这一存在问题的语言破裂和其他心理分裂状态联系在一起，此心理分析状态在历史上和文化上已经与主体性的丢失有关联（比如精神疾病或者女性的癔症）。这一议题进一步地强调了她的信仰，即语言和主体之间的关联度，对性别主体来说，是一种心理健康问题（2002a，pp. 19-22）。在伊里加雷看来，因此，语言结构从本质上讲，是和所有性别主体、女性和男性，以及"性别文化"的构建联系在一起的。

《思考差异》《我对你的爱》和《民主始于二者之间》，这三本书尤为关注发展一种性别主体的政治语言，和伊里加雷对社会文化嵌入式性别语言的更为明确的政治探索密切相关。在这些后期著作中，伊里加雷转变了她的论点，从对学科论述、语言以及观点方面的分析转变到对有关欧洲当代政治辩论和争取平等性运动的领域。她研究了女性主义以及妇女运动的重要性，尤其是关于那些发生在博洛尼亚意大利共产党内部的辩论，以及她自己和意大利政治家的对话，利维娅·图尔科，还有当时的博洛尼亚市市长以及当时的欧洲议会议员伦佐·埃姆贝尼（Renzo Imbeni）。因此，这些书探索了建造社会政治结构的需求，通过此结构，性别市民能够表达他的或者她的需求和欲望：

> 重新定义适合于两性的权利，以取代适合于并不存在的中立个体之抽象权利，并且把这些权利通过法律予以规定，也可以在构成一些类型的国家或者通用人权声明的任何章程中予以规定，对女性来说都是最好的方式，从而能够保留已经获得的权利，能够使得这些权利得以实施，并且获得其他更为适合女性身份的权利（1989，p. xv）。

然而，非性别文化和语言，竭力阻挠女性（包括女性建筑师）讲话并且阻挠女性的声音被倾听（1989，p. xv）。《思考差异》在"产生的含义"方面通过强调语言的重要性而解决了这一问题，因为该书建立了"社会调解形式，从人与人之间的关联度到最为复杂的政治联系都有所涉及"。因此，为了给予"两性平等的机会去讲话并且提升他们的自尊"，伊里加雷推动了这一需求，同时她提出了语言危机的警告，即不能表达多种主体位置的语言危机（1993c，p. xv）。

在后期出版的作品《我对你的爱》中，伊里加雷继续发展出了关于"性别文化"的一系列文章成果，这些成果于 20 世纪 90 年代初期产生自她和伦佐·埃姆贝尼所进行的讨论。在《我对你的爱》"序言"中，她提到了他们在一次公众会议场所初次相遇的场景，描述了埃姆贝尼是如何支持她毫无计划地在最后一刻改变那晚的"方案"，在新方案中，她要求男性和女性轮流向她自己和埃姆贝尼提问（1996，pp. 7-9）。除此之外，她描述了他们在使得民主变革**成为可能**方面的共享兴趣点：对埃姆贝尼来说，作为欧洲议会以及意大利政治体制中的一名政治家，这就被引导着走向构筑博洛尼亚城市中民主的市民生活；在伊里加雷看来，作为支持埃姆贝尼政治选举的一名市民，并且她自称为"一名政治激进分子"，这一抱负被引导着走向把"不可能"变为可能（1996，p. 10）。

97

后来在书中，伊里加雷对制造一系列新关联的需求进行了研究探索，这能够确保主体之间的差异性在语言上得以建立。她通过呼吁男性和女性之间的这一新型精神空间关联度结束了那个章节，并通过保留每一个主体之间的空间与语言差异性这一方式而表达出来。另外，她称这些为："间接的关联……建立于一种间接性或者不可转移性之形式上的关联。所以：我对你的爱（I love to you），而不是：我爱你（I love you）。"（1996，p. 102）

此处，伊里加雷打破了对动词"爱"的习惯使用，从其作为对"可转移性"动词表达的角色（即被**引导着**走向一种**特定的**物体或者主体的一种行为活动），成为一种"不可转移性的"动词，在其中**没有直接的**物体或者主体。通过插入介词"到"进入行为活动，两个主体之间的这一间接关联度也在空间上，被予以标示（1996，102）。接下来，去解释潜在的这一"交流语法"（syntax of communication）（1996，p. 113），是为了使得男性和女性之间令人尊重的、伦理的交互主体性在该"间接的"关联度中成为可能，在此关联度内其中一个主体并不会尝试去拥有另外一个，她写道："《我对你的爱》是两个意向性的担保人，这两个意向性包括：我的和你的（mine and yours）。对你来说我爱那样，这可以和我自己的意向性相符合并且和你的意向性相符合。"（1996，p. 110）

再者，社会相互影响的改变也打开了讲话行为对聆听行为的相互作用；正如，"我正在听你说"。在伊里加雷看来，这意味着："我知道你正在说话，我注意到这一点了，我正在努力理解并倾听你的意向。这并不是意味着：我理解你，我知道你，因此我不需要去倾听你，甚至我可以规划你的将来。"（1996，p. 116）

鉴于建筑师因为异质文化需要而构建、规划以及设计世界的文化与专业定义，**伊里加雷有关性别语言和政治行为活动的讨论，对性别建筑的发展来说是非常重要的。**那些也对这些问题进行过探索的从业者包括：马克·威格利题为"无标题：性别住房"（Untitled: the housing of gender）的文章（Colomina 1992pp. 327-389）；简·伦德尔在关于艺术和建筑实践之间关联度方面对伊里加雷之不可转移性对话的研究（2006，pp. 150-151）；卡特琳娜·吕迪·雷题为"包豪斯梦之屋：塑造非性别建筑师的幻想体"（Bauhaus dream house: forming the imaginary body of the ungenderedarhitect）的文章，这就说明对现代建筑教学体制进行重新评价的需求呼之欲出，在她的研究过程当中，"乌托邦式的"非性别建筑实践以及特色建立于20世纪10年代和20年代期间包豪斯的教学实践当中（Rüedi *et al.* 1996，pp. 161-174）；贝尔·胡克斯对实践与理论之间的政治对话力量之讨论（Rendell *et al.* 2000，pp. 397-398）；多依娜·佩特雷斯库在达喀尔和女性所进行的合作研究，推动了现代非洲城市中女性的集体力量（Lloyd Thomas 2007, pp. 225-236）。另外，本书的每一章也提到了其他建筑师、历史学家、理论家和评论家，他们也对这些问题进行了探讨，倾向于发展创造性并且是政治性的表达以及方法，以期能够为当今和未来社会推动持久的并且是富有成效的性别建筑。

对话

建筑师如何**谈论**他们的职业？

谁可以被**包含在**这些讨论当中或者被**排除在外**？

发生在专业内部的**官方与非官方**对话是什么样的？

建筑师（男性和女性）在建筑方面被鼓励去使用**女性主义表达或者性别表达模式**了吗？

对建筑来说，**性别语言**具有什么样的好处呢？

建筑设计、历史、理论和评论之间所共享的**性别语言空间**是什么样的呢？

附录　解读伊里加雷导引

伊里加雷的写作风格密集且具有技术性，使得阅读她的书籍成为一种具有挑战性的体验。一些最为复杂的文字受到了她对另外思想家术语的使用和创造性的误用之影响，从而能够揭示他们观点中的问题、空白、漏洞或者被忽略的含义。自 20 世纪 90 年代以来，伊里加雷对她更早期、更具技术性的著作作出了具有帮助性的总结，尤为特别的是，这些总结在《伊里加雷的读者》和《主要著作》的绪论性文章中得以体现。因此，读者可能会发现这非常有帮助，在开始阅读其他文字之前，可以先去阅读这些章节。然而，"慢慢地"阅读也可能会是非常有用的技巧，能够帮助读者个人或者一个小组去理解特定的文字。在下文中，为了阅读文字，我概括了能够产生对话的一种方法；以题为"此性非一"的文章为例。

1. 把文章以组为单位划分成均等的部分。你将会看到这些文字已经被划分成几部分和"零碎的"段落，那么你可以使用这些划分了。

2. 留给你自己足够的时间去阅读每一部分，例如，一周时间。预计阅读该部分内容至少三次，如果你需要更多地去阅读该部分，那么就不要担忧而试图停止阅读。你或许会发现比较有帮助的是，在初次阅读文字时速度可以相当快，接下来的阅读可以相对较慢，随后的每次阅读均可以按照这一较慢的速度，就一些语句之处可以做笔记或者表达出你所能理解的或者不能理解的内容。如果你认为这非常难以做到，那么注意力可以集中到某一单独章节或者某一页数，而不是不去写关于任何文字的任何评论。

3. 如果你还有时间，你也可以通过去阅读关于伊里加雷研究项目的理论总结，从而帮助理解。她赋予研究项目以不同的名字，包括："女性主义哲学"（feminine philosophy）、"女性主义话语权"（feminine discourse）、"主体对主体文化"（subject-subject culture）、"两主体的文化"（a culture of two subjects）、"和他者共存"（being with the other）。

4. 就你已经阅读过的内容，写下三个问题或者评论，例如；

i. 解释三个新理念或者词汇的含义。

ii. 你能理解什么观点，或者不能理解什么观点，并且问自己为什么。

iii. 写一段简短的描述去概括文章中的主要论点。

另外，记住伊里加雷传达她自己观点的其中一个重要方式便是通过文章布局以及她对专有术语的重复。

5. 在下次会议中，讨论你认为所选择的文字是关于什么的。在离开会议之前，就文字所要探索的内容依据你的理解去写一个简短的（50字）总结。你会发现这非常有帮助，并不仅仅是把这部分文字缩减为一个观点。

6. 就她对建筑师有帮助的观点，推荐以下四个方面。你或许希望思考如下问题，例如；

i. 她的观点对建筑形式以及形状被塑造的方式进行挑战了吗？

ii. 什么样的建筑材料结构与她的著作相关？

iii. 她推动了什么样的制造以及生产进程？

iv. 使用者占用什么样的空间？这空间是静止的？移动的？容易或者难于定位吗？

v. 描述的是什么样的使用者？该使用者身体上或者心理

上是和他们的环境以及其他人相分离的吗？使用者是以和材料相对应的形式而去和他们的环境联系在一起的吗？使用者和那些生活在该环境中或者占用了相同空间的其他人联系在一起了吗？

研究引用的参考文献

　　有于伊里加雷研究的更为综合性的参考文献可以在《主要著作》中找到。在下文中,我也提出了一些建议以便延伸阅读,包括:过去 30 多年中,针对建筑和女性、性别以及女性主义所做的有关于建筑历史、理论以及设计研究方面的实例。在本书中没有足够的篇幅去提供一个完整的参考文献,即能够包含对编辑论文集以及选集作出贡献的所有个体之文献。因此,请参照索引去查询包含所有作者的完整目录,这些都被作者在本书论述中提到过。

二次文献（Secondary sources）

Adams, Peter (1987) *Eileen Gray, Architect/Designer*, New York, Harry N. Abrams.

Agrest, Diana, Conway, Patricia and KanesWeisman, Leslie (eds) (1996) *The Sex of Architecture*, New York, Harry N. Abrams.

Bloomer, Jennifer (1993) *Architecture and the Text: The (S) crypts of Joyce and Piranesi*, New Haven, CT: London, Yale University Press.

Blundell Jones, Peter, Petrescu, Doina and Till, Jeremy (eds) (2005) *Architecture and Participation,* London, Spon Press.

Building Design, 2005, '50/50 Campaign', Issue No. 1655, Friday, 8 January.

Cole Doris (1973) *From Tipi to Skyscraper: A History of Women in Architecture*, New York, G. Braziller.

Coleman, Dera, Danze, Elizabeth and Henderson, Carole (eds) (1996) *Architecture and Feminism*, New York, Princeton Architectural Press.

Coles, Alex (1999) *The Optic of Walter Benjamin*, London, Black Dog Publishing.

Colomina, Beatriz (ed.) (1992) *Sexuality and Space*, New York, Princeton Architectural Press.

— (1999) 'Collaborations: the private life of modern architecture', *The Journal of the Society of Architectural Historians*, Vol. 58, No. 3, *Chicago, Society of Architectural Historians*.

Documenta 11: Platform 5 Catalogue. 2002, Kassel: Ostfildern-Ruit, HatjeCantz: Verlag.

Friedman, Alice T. (1988) *Women and the Making of the Modern House: A Social and Architectural History*, New York, Abrams.

Grosz, Elizabeth (1995) *Space, Time, and Perversion: Essays on the Politics of Bodies*, London: New York, Routledge.

— (2001) *Architecture from the Outside: Essays on Virtual and Real Space,* Cambridge, MA: London, MIT Press

Hayden, Dolores (1984) *Redesigning the American Dream: The Future of Housing, Work, and Family Life,* New York: London, W.W.Norton.

Heynen, Hilde and Baydar, Gülsüm (eds) (2005) *Negotiating Domesticity: Spatial Productions of Gender in Modern Architecture,* London: New York, Routledge.

Hill, Jonathan (2001) *The Subject is Matter*, London: New York,

Routledge.

Hughes, Francesca (ed.) (1996) *The Architect: Reconstructing Her Practice,* Cambridge, Massachusetts: London, MIT Press.

Irigaray, Luce (1985a) *This Sex Which is Not One,* trans. by Catherine Porter with Carolyn Burke, Ithaca; NY, Cornell University Press. [1977, *Ce sexe qui n'en est pas un,* Paris, Editions de Minuit.]

— (1985b) *Speculum of the Other Woman,* tans. by Gillian C. Gill, Ithaca: New York, Cornell University Press. [1974, *Speculum de l'autre femme,* Paris, Editions de Minuit.]

— (1991a) *Marine Lover: Of Friedrich Nietzsche*, trans. by Gillian C. Gill, New York, Columbia University Press. [1980, *Amante marine, de Friedrich Nietzsche,* Paris, Editions de Minuit.]

— (1991b) *The Irigaray Reader,* edited by Margaret Whitford, Oxford: Cambridge, Basil Blackwell.

— (1993a) *An Ethics of Sexual Difference,* trans. by Carolyn Burke and Gillian C. Gill, Ithaca: New York: London, Cornell University Press: Continuum. [1984, *Ethique de la différence sexuelle,* Paris, Editions de Minuit.]

— (1993b) *Je, tu, nous, Towards a Culture of Difference*, trans. by Alison Martin, London-New York, Routledge. [1990, *Je, tu, nous, Pour une culture de la différence.* Paris, Grasset.]

— (1993c) *Thinking the Difference: For a Peaceful Revolution,* trans. by KarinMontin, London-New York, Continuum-Routledge. [1989, *Le Temps de la différence, Pour une révolution pacifique,* Paris, Libraire Générale francaise, Livre de poche.]

— (1996) *I Love to You: Sketch of a Possible Felicity in History,* trans. by Alison Martin, London: New York, Routledge. [1992, *J'aime àtoi, Esquisse d'une félicité dans l'Histoire,* Paris, Grasset.]

— (1999) *The Forgetting of Air: In Martin Heidegger,* trans. by Mary Beth Mader, Austin: London, University of Texas Press: Continuum. [1983, *L'oubli de l'air, Chez Martin Heidegger,* Paris, Editions de Minuit.]

— (2001a) *Democracy Begins Between Two,* trans. by Kirsteen Anderson, London: New York, Routledge. [1994, *La democrazia comincia a due, Turin,* Bollati Boringhieri.]

— (2001b) *To Be Two,* trans. by Monique M. Rhodes and Marco F. Cocito-Monoc, London: New York, Athlone: Routledge. [1994, *Essere Due, Turin,* Bollati Boringhieri.]

— (2002a) *To Speak is Never Neutral,* trans. by Gail Schwab, London: New York, Continuum. [1985, *Parler n'est jamais neutre,* Paris, Editions de Minuit.]

— (2002b) *The Way of Love,* trans. by Heidi Bostic and Stephen Pluhácek, London: New York, Continuum.

— (2004) *Key Writings,* London: New York, Continuum.

Kanes Weisman, Leslie (1992) *Discrimination by Design: A Feminist Critique of the Man-made Environment,* Urbana; IL, University of Illinois Press.

Lloyd Thomas, Katie (ed.) (2007)*Material Matters: Architecture and Material Practice,* London: New York, Routledge.

Rendell, Jane (2002) The *Pursuit of Pleasure: Gender, Space and Architecture in Regency London,* London, The Athlone

Press, Continuum: Rutgers University Press.

—, Penner, Barbara and Borden, Iain (eds) (2000) *Gender Space Architecture: An Interdisciplinary Introduction.* London: Routledge.

— (2006) *Art and Architecture: A Place Between,* London, I.B. Taurus.

Royal Institute of British Architects (2003) 'Why Do Women Leave Architecture?' Report Response and RIBA Action, July, London, RIBA.

Rüedi, Katerina, Wigglesworth, Sarah and McCorquodale, Duncan (eds) (1996) *Desiring Practices: Architecture, Gender, and the Interdisciplinary,* London, Black Dog Publishing.

Samuel, Flora (2004) *Le Corbusier: Architect and Feminist,* London, Wiley.

Sharr, Adam (2007) *Heidegger for Architects,* Oxon, Routledge.

Torre, Susana (ed.) (1977) *Women in American Architecture: A Historic and Contemporary Perspective,* New York, Whitney Library of Design.

Wilson, Elizabeth (1991) *The Sphinx in the City: Urban Life, the Control of Disorder, and Women,* Berkeley, CA: Los Angeles: Oxford, University of California Press.

Wright, Gwendolyn (1981) *Building the Dream: A Social History of Housing in American,* New York, Pantheon Books.

翻译过程中的参考文献

ABA, (2015), Wrap House, [online] available at http://www. alisonbrooksarchitects.com/project/wrap-houP.se/, [accessed at 01/12/2015].

A La Ronde, (2015), Quirky 18th-century, 16 sided house with fascinating interior decoration and collections, [online] available at http://www.nationaltrust.org.uk/a-la-ronde, [accessed at 10/12/2015].

Boeri, S. (2015), Solid Sea - Multiplicity, [online] available at http://stefanoboeri.net/?p=2432, [accessed at 11/11/2015].

Csikszentmihalyi, M. (2002), Flow: The Psychology of Happiness: The Classic Work on How to Achieve Happiness, London, Sydney, Auckland, Johannesburg: Rider.

Diller Scofidio, (1993), Bad Press: Dissident Ironing, [online] available at www.dsrny.com/projects/bad-press, [accessed at 04/02/2016].

延伸阅读

Adams, Annmarie and Tancred, Peta (2000) *Designing Women: Gender and the Architectural Profession,* Toronto: Buffalo, University of Toronto Press.

Agrest, Diana (1991) *Architecture from Without: Theoretical Framings for a Critical Practice,* Cambridge, Massachusetts: London, MIT Press.

Anthony, Kathyrn H. (2001) *Designing for Diversity: Gender, Race, and Ethnicity in the Architectural Profession,* Urbana, IL, University of Illinois Press.

Battersby, Christine (1998) *The Phenomenal Woman: Feminist Metaphysics and the Patterns of Identity,* Cambridge, Polity Press.

Berkeley, Ellen Perry (ed.) (1989) *Architecture: A Place for Women,* Washington, Smithsonian Institution Press.

Bloomer, Jennifer (ed.) (1994) 'Architecture and the feminine: mop-up work, any', *Architecture New York*, Special Issue, No. 4, January–February.

Borden, Iain and Rendell, Jane (eds) (2000) *Intersections: Architectural Histories and Critical Theories,* London: New York, Routledge.

Burke, Carolyn, Schor, Naomi and Whitford, Margaret (eds) (1994) *Engaging with Irigaray: Feminist Philosophy and Modern European Thought,* New York, Columbia University

Press.

Butler, Judith (1993) *Bodies that Matter: On the Discursive Limits of 'Sex'*, London: New York, Routledge.

Durning, Louise and Wrigley, Richard (eds) (2000) *Gender and Architecture*, Chichester: New York, Wiley.

Elam, Diane (1994) *Feminism and Deconstruction: Ms. En Abyme*, London: New York, Routledge.

Florence, Penny (2004) *Sexed Universals in Contemporary Art*, New York, Allworth Press.

Hayden, Dolores (1982) *The Grand Domestic Revolution: A History of Feminist Designs for American Homes, Neighbourhoods and Cities*, Cambridge, MA, MIT Press.

Heynen, Hilde (2000) 'Places of the everyday: women critics in architecture', *Archis*, No. 4, April, pp. 58–64.

Holmes Boutelle, Sara (1988) *Julia Morgan, Architect*, New York, Abbeville Press.

Lloyd, Genevieve (2002) *Feminism and History of Philosophy*, Oxford, Oxford University Press.

Lorenz, Clare (1990) *Women in Architecture: A Contemporary Perspective*, New York, Rizzoli.

McLeod, Mary, (2004) 'Reflections on feminism and modern architecture', *Harvard Design Magazine*, No. 20, Spring–Summer, 64–67.

McQuiston, Liz (1988) *Women in Design: A Contemporary View*, London, Trefoil.

Matrix Organization (1985) *Making Space: Women and the Man-Made Environment*, London, Pluto Press.

Penner, Barbara and Rice, Charles (eds) (2004) 'Constructing the Interior', *The Journal of Architecture,* Vol. 9, No. 3, Autumn.

Plant, Sadie (1997) *Zeros + Ones: Women, Cyberspace + The New Technoculture,* London: New York, Doubleday: Fourth Estate.

Rice, Charles (2006) *The Emergence of the interior,* New York: Oxon, Routledge.

Roberts, Marion (1990) *Living in a Man-Made World: Gender Assumptions in Modern Housing Design,* New York, Routledge.

Sanders, Joel (ed.) (1996) *Stud: Architectures of Masculinity,* New York, Princeton Architectural Press.

Searing, Helen (1998) *Equal Partners: Men and Women Principals in Contemporary Architectural Practice,* Northampton, Smith College Museum of Art.

Such, Robert (2000) 'A Quiet Revolution: Women in French Practice', *Architectural Design,* Vol. 70, No. 5, October, 94-97.

Toy, Maggie and Pran, Peter C. (2001) *The Architect: Women in Contemporary Architecture,* Chichester: Wiley-Academy.

Vasseleu, Cathryn (1998) *Textures of Light: Vision and Touch in Irigaray, Levinas, and Merleau-Ponty,* London: New York, Routledge.

Walker, Lynne (ed.) (1997) *Drawing on Diversity: Women, Architecture and practice,* London, RIBA.

Whitford, Margaret (1991) *Luce Irigaray: Philosophy in the Feminine,* London: New York, Routledge.

Whitman, Paula (2006) 'How do women fare in architecture?',

Going Places, Architecture Australia, vol. 95, no. 1, January,
   pp. 47-53.

Willis, Julie and Hanna, Bronwyn (2001) *Women Architects in
   Australia,* 1900-1950, Red Hill, A.C.T, Royal Australian
   Institute of Architects.

索引

本索引列出页码均为原英文版页码。为方便读者检索，已将英文版页码作为边码附在中文版相应句段一侧。

给建筑师的思想家读本

Thinkers for Architects

为寻找设计灵感或寻找引导实践的批判性框架，建筑师经常跨学科反思哲学思潮及理论。本套丛书将为进行建筑主题写作并以此提升设计洞察力的重要学者提供快速且清晰的引导。

建筑师解读德勒兹与瓜塔里

[英] 安德鲁·巴兰坦 著

建筑师解读海德格尔

[英] 亚当·沙尔 著

建筑师解读伊里加雷

[英] 佩格·罗斯 著

建筑师解读巴巴

[英] 费利佩·埃尔南德斯 著

建筑师解读梅洛 - 庞蒂

[英] 乔纳森·黑尔 著

建筑师解读布迪厄

[英] 海伦娜·韦伯斯特 著

建筑师解读本雅明

[美] 布赖恩·埃利奥特 著

建筑师解读伽达默尔

[美] 保罗·基德尔

建筑师解读古德曼

[西] 雷梅·卡德国维拉 - 韦宁

建筑师解读福柯

[英] 戈尔达娜·丰塔纳 - 朱斯蒂